Konstantin Zerné

Was das Universum wirklich ist

Konstantin Zerné

Was das Universum wirklich ist

Vom Tod zur Erkenntnis von allem

© 2015 Konstantin Zerné

Korrektorat: www.endkorrektur.de

Verlag: tredition GmbH, Hamburg

ISBN
Paperback: 978-3-7323-7439-7
Hardcover: 978-3-7323-7440-3
e-Book: 978-3-7323-7441-0

Das Werk, einschließlich seiner Teile, ist urheberrechtlich geschützt. Es gilt das Urheberrechtsgesetzes der Bundesrepublik Deutschland in der jeweils gültigen Fassung. Jede Verwertung ist ohne Zustimmung des Verlages und des Autors unzulässig. Dies gilt insbesondere für die elektronische oder sonstige Vervielfältigung, Übersetzung, Verbreitung und öffentliche Zugänglichmachung.

Dieses Werk ist ein Erfahrungsbericht, der auf subjektiven Wahrnehmungen beruht. Daher erheben die hier wiedergegebenen Informationen keinen Anspruch auf Richtigkeit und Vollständigkeit. Um die im Werk erwähnten Personen keinen negativen Folgen auszusetzen, wurden Namen, Orte, Berufsbezeichnungen u.a. fingiert.

Bibliografische Information der Deutschen Nationalbibliothek: Die Deutsche Nationalbibliothek verzeichnet diese Publikation in der Deutschen Nationalbibliografie; detaillierte bibliografische Daten sind im Internet über http://dnb.d-nb.de abrufbar.

Printed in Germany

INHALT

Wie es begann	7
Die universelle Sicht	9
Anfang und Ende des Universums	16
Das Konzept von Zeit und Raum	21
Existenz aus sich selbst heraus	24
Loslassen von Konzepten	32
Die Unbeständigkeit von allem	42
Die Bedingtheit von allem	59
Das Geheimnis von Leben und Tod	66
Was das Universum wirklich ist	84
Selbstkritische Fragen zur Erkenntnis	91
Auseinandersetzung mit der Erkenntnis	99
Vereinbarkeit mit der Urknalltheorie	102
Die Bang@Zero Theorie	104
Vereinbarkeit mit der Stringtheorie	106
Weltformel – die Theorie von Allem	109
Weitere naturwissenschaftliche Theorien	110
Schöpfung durch einen Gott	111
Nutzen der Erkenntnisse	115
Die Angst vor dem Tode	116
Zufriedenheit durch Einsicht	119
Schlussbemerkungen	125

Wie es begann

Es sind uralte Fragen der Menschheit: Wie ist das Universum entstanden? Und was verbirgt sich hinter dem Geheimnis von Leben und Tod?

Diese Fragen sind nun beantwortet.

Ich bin Mediziner und hatte mein bisheriges Leben der Erforschung von Krankheiten gewidmet. Mit Kosmologie oder Fragen zum Tod hatte ich mich nie wirklich beschäftigt. Das schrecklichste Ereignis meines Lebens änderte dieses: Meine Frau und unser einziges Kind kamen bei einem Verkehrsunfall ums Leben. Sie waren auf dem Weg zur Feier meines 65. Geburtstags und kollidierten bei einem unüberlegten Überholvorgang mit einem LKW.

Durch meinen Beruf war ich des Öfteren mit Sterbenden in Kontakt gekommen. Ich hatte Leichen seziert und das Leid von Angehörigen gesehen. Daher glaubte ich, mit dem Tod umgehen zu können. Der Unfall meiner Familie belehrte mich eines Besseren. Obwohl ich ihre irreparablen Körper gesehen hatte, realisierte ich wochenlang nicht, dass sie tot sind. Meine Gedanken klebten an Erinnerungen und drehten sich unaufhörlich im Kreis. Erst als ein befreundeter Kollege mir empfahl, mich wissenschaftlich mit dem Tod auseinanderzusetzen, kam ich langsam in die Realität zurück.

Da ich grade in Rente gegangen war, machte ich es mir zur Lebensaufgabe, den Tod voll und ganz verstehen zu wollen. Mit diesem Ziel vor Augen erarbeitete ich mir einen Forschungsplan, beschaffte einschlägige Literatur und stürzte mich in die Arbeit. Ich las über Nahtoderlebnisse, von Menschen, die glaubten, mit Toten sprechen zu können, und die Meinungen der Weltreligionen. Es war eine hilfreiche Form der Trauerbewältigung – mehr aber nicht. Ich fand keine befriedigende Antwort darauf, was denn der Tod wirklich ist.

Nach guten zwei Wochen Forschungsarbeit wurde mir klar, dass eine isolierte Betrachtung des Todes keinen Sinn machte. Der Tod existiert nur, weil es Leben gibt. Daher musste ich zunächst den Ursprung des Lebens finden, um den Tod verstehen zu können. Ich änderte daher meine Arbeitshypothese und wandte mich einer der ältesten Fragen der Menschheit zu: Wie ist das Universum entstanden?

Die universelle Sicht

Wie ist das Universum entstanden? Diese bewegende Frage stand auf einem roten Blatt Papier und ich saß kopfschüttelnd davor. Obwohl ich wusste, dass es der richtige Weg sein würde, kam es mir albern vor, mich als Mediziner mit der Entstehung des Universums beschäftigen zu wollen. Alleine im Arbeitszimmer, übernahm Trauer wieder die Oberhand. Meine Gedanken wurden trüb und ich betrachtete meine Lebenssituation: Vierzig Jahre hatte ich der medizinischen Forschung gewidmet und einige Erfolge gehabt. Aber meiner Frau und meinem Sohn hatte ich nicht helfen können. Nun, da ich in Rente gegangen war, wollten wir uns lang gehegte Träume erfüllen. Reisen, ein Haus am Meer und vielleicht wären auch noch Enkelkinder gekommen – all das war nun vorbei.

In Erinnerungen versunken saß ich für ein paar Minuten vor der Notiz. Dann stand ich auf. Entschlossen wischte ich mir die Tränen aus den Augen und ging auf die Terrasse. Mir war klar, dass ich ohne eine Aufgabe in Selbstmitleid versinken würde. Mein Blick richtete sich auf den Gartenteich, als würde ich dort einen Feind fixieren. Dann atmete ich tief durch und machte energische Liegestütze. Das half. Meine Gedanken hellten sich auf und während das Blut im Kopf pulsierte, wurde mir klar, dass ich einen Tapetenwechsel brauchte.

Bei meinen bisherigen Recherchen hatten mich fernöstliche Ansichten am meisten inspiriert. Daher entschloss ich mich kurzerhand, nach Bangkok zu fliegen und dort meine Forschungsarbeit zu beginnen. Ausgestattet mit einem wissensgeladenen Tablet erkundete ich die Stadt, machte Tempelführungen und lernte schmerzhaft, was man in Thailand unter scharfem Essen versteht. Die Nachmittage verbrachte ich oft an der Universität, wo ich recherchierte, an Diskussionsrunden teilnahm und einen Yogakurs für Späteinsteiger besuchte.

Wieder unter Menschen zu sein motivierte , und mein Forschungskonzept nahm langsam Gestalt an. Ich hatte mich für eine strikte Trennung von naturwissenschaftlichen und religiösen Lösungsansätzen entschieden und arbeitete beide Stränge parallel ab. Obwohl ich noch in der Phase der Informationsbeschaffung war und wusste, dass ich strukturiert vorgehen sollte, sprangen meine Gedanken immer wieder voraus. Die Frage nach der Entstehung des ersten Teilchens – diesem Etwas, mit dem alles Leben im Universum begann – drängte sich ständig nach vorne. Ich verwarf daher meine wissenschaftliche Selbstdisziplinierung und stellte die Frage bei der nächsten Diskussionsrunde an der Uni in den Raum. Das Ergebnis war verblüffend: für westlich geprägte Teilnehmer war es einfach eine unbeantwortete Frage, von denen die meisten glaubten, dass sie in absehbarer Zukunft naturwissenschaftlich geklärt werden würde. Asiatische Teilnehmer hingegen sahen gar keine Notwendigkeit, diese Frage zu klären. Sie waren der Ansicht, dass es darauf nicht ankomme, um die Welt zu verstehen, und dass es im Universum sowieso keinen Anfang und kein Ende gebe. Diese Vorstellung widersprach meiner bisherigen Denkweise und ich merkte, wie ich innerlich auf Abwehrhaltung ging. Den Anfang des Universums zu leugnen, schien mir gegen die Naturgesetze zu verstoßen. Es dauerte daher eine ganze Weile, bis ich der von mir in Gang gesetzten Diskussion wieder mit einem gesunden Maß an Offenheit folgen konnte. Grade als ich mich einbringen wollte, drängte sich mir ein vorrangiges Bedürfnis auf und ich erreichte nur mit Mühe und Not die nächste Toilette. Ob es am scharfen Essen gelegen hatte, weiß ich nicht. Jedenfalls stieg in den folgenden drei Tagen meine Wertschätzung für komfortable Hoteltoiletten erheblich.

Als ich wieder sorgenfrei raus konnte, hatte ich eine folgenschwere Begegnung, die letztendlich zur Beantwortung aller Fragen führte.

Ich saß auf einer Nebentreppe des Wat Phra Suk[1] Tempels und war in ein Buch vertieft, als plötzlich ein Mönch vor mir stand.

»Kann ich Ihnen helfen?«, fragte mich der mit orangen Tüchern bekleidete Mann auf überraschend gutem Englisch.

Ich hob den Kopf und mein Blick traf auf gutmütige Augen, die bedacht hinter einer überdimensionalen Brille funkelten.

---

[1] Der Name des Tempels wurde fingiert.

»Darf man hier nicht sitzen?«, entgegnete ich stutzig und stand auf.

»Nein, nein, die Treppe ist gut, ein guter Sitzplatz. Probleme sind schlecht.« Die Stimme des zierlichen Mönches, den ich auf Mitte sechzig schätzte, war lebhaft und verständnisvoll zugleich. Leichtfüßig kam er die Treppe hinauf und setzte sich direkt neben den Platz, an dem ich gesessen hatte.

»Was suchst du?«, fragte er und der Klang seiner Stimme verriet, dass er mir nicht den Weg zur nächsten Touristenattraktion beschreiben wollte.

Sieht man mir die Trauer wirklich noch an?, dachte ich und setzte mich neben ihn.

»Du suchst etwas anderes als diese Menschen«, sagte er unbeirrt und zeigte gleichzeitig auf den unendlichen Touristenstrom, der sich durch den Tempel quetschte.

»Ich suche den Anfang des Universums, um Leben und Tod zu verstehen«, antwortete ich frei heraus.

»Warum?«, fragte er sofort und ohne jede Anwandlung von Verwunderung.

Ich bin sicher, dass mich die meisten Leute bei so einer Antwort für verrückt erklärt und sofort sitzen gelassen hätten. Pepe – so durfte ich ihn später nennen – fragte jedoch einfach nach dem Grund.

»Weil ich grade meine Frau und meinen einzigen Sohn verloren habe, darum.«

Sofort waren meine Gedanken wieder bei Irmgard und Markus. Ich sah uns lachend beim Kindergeburtstag im Park – dann wieder ihre zerstörten Körper.

»Komm mit.«

Pepe war aufgestanden und streckte mir seine Hand entgegen.

»Ich möchte deiner Familie gedenken.«

Bereitwillig ließ ich mir hochhelfen und folgte dem buddhistischen Ordensbruder in eine kleine Kammer an der Rückseite des Tempels. Der Raum war dunkel und es roch nach modriger Feuchtigkeit. Nur durch die Bambusstäbe der Seitenwände drang etwas Licht ins Innere und ließ die vermoosten Steinfiguren wie graue Schatten erscheinen.

»Wie hießen deine Frau und dein Sohn?«

»Irmgard und Markus.«

Mit gesenktem Kopf antwortete ich und lehnte mich gegen die Innenwand.

Pepe zog ein Tuch hervor und reinigte sich die Hände. Dann kniete er vor den Figuren nieder und begann laut zu beten. Monoton und dunkel vibrierte seine Stimme durch die Kammer. Aus den Tiefen des kleinen Mannes strömte eine kraftvolle Melodie, die ich im Magen spürte und die meine Gedanken mitnahm. Ich verstand kein Wort. Dennoch fühlte ich, dass jedes von ihnen aufrichtiges Mitgefühl enthielt.

Mein Zeitgefühl war entschwunden und ich sah, wie diese mir absolut fremde Person sich für meine Familie zu Boden fallen ließ. Wie er in der drückenden Sommerhitze für Menschen betete, von deren Existenz er vor ein paar Minuten nicht einmal wusste. Die selbstlose Aufopferung des Mönches bewegte mich tief. Unwillkürlich stiegen mir Tränen in die Augen und meine Gedanken trugen mich zum Unglückstag zurück. Obwohl ich nie an der Unfallstelle war, sah ich, wie Irmgard und Markus blutend im Auto lagen. Ich erkannte jedes Detail: das zerquetschte Blech, den Rettungswagen und wie ihre Körper aus dem Auto gezogen wurden. Schließlich hörte ich ihre letzen Atemzüge und mein Blick verschwamm.

Dann war es still. Pepe hatte sein Gebet beendet und als er sich zu mir drehte, konnte ich nicht mehr innehalten. Ich weinte einfach los. Aller Schmerz der vergangenen Wochen schien mir aus dem Gesicht zu strömen . Ich sank neben dem Mönch auf die Knie und Pepe hielt meine Hände. Unter Tränen erzählte ich ihm, dass ich noch kurz vor dem Unfall mit meinem Sohn telefoniert hatte. Wie verärgert ich war, weil er sogar zu der für mich so wichtigen Feier nicht pünktlich sein konnte und dass wegen ihm auch meine Frau zu spät kommen würde. Ich sprach über Selbstvorwürfe und Schuldgefühle, über den Anblick in der Leichenkammer, meine Verzweiflung und meine Albträume. Nachdem alles aus mir herausgesprudelt war, saßen wir einfach nur da und schwiegen. Zeitlos, unbefangen und befreiend.

»Deine Familie kommt nicht mehr zurück«, sagte Pepe irgendwann.

»Der Tod hat sie verändert.«

Ich nickte und wischte mir die Tränen aus den Augen.

»Das ist einfach zu erkennen, aber sehr schwer zu verstehen. Alles im Universum ist ein Prozess von Veränderungen. Manche davon nennen wir Leben, andere Tod. Es ist eine Frage der Sichtweise.« *Was hat es mit dieser Sichtweise auf sich?* Ich hatte mich wieder gefangen und ich erinnerte mich an die letzte Diskussionsrunde an der Uni.

»Kannst du mir mehr über diese Sichtweise erzählen?«

»Ich weiß, dass ihr im Westen anders darüber denkt. Aber der Tod deiner Familie hat dich offen gemacht. Daher bin ich gerne bereit, dir etwas über unsere Sicht der Dinge zu erzählen.«

Anfang und Ende des Universums

Draußen war es ruhiger geworden. Die Touristenströme hatten sich verdünnt und der Tempel würde bald schließen. Ich folgte Pepe über den großen Tempelplatz und musste mich anstrengen, mit ihm Schritt zu halten. In mir herrschte ein Gefühl von Neugierde und Skepsis. Mein Forschungsplan sah den Einbezug religiöser Ansichten vor. Mir war aber auch klar, dass ich hier keinen Hokuspokus mitmachen würde. Mein religiöses Leben bestand aus Taufe, Konfirmation und dem alljährlichen Weihnachtsgottesdienst. Außerdem war ich Wissenschaftler. Ich wollte die Dinge begreifen und nicht nur an sie glauben.

Auf der anderen Seite des Platzes angelangt, setzten wir uns auf eine Holztreppe und zogen die Schuhe aus. Dann führte mich Pepe in einen mit Reisigmatten ausgelegten Raum, in dessen Mitte ein fast bodengleicher, dunkelroter Tisch stand.

»Bitte setz dich. Tee?«, Pepe deutete auf ein dünnes Kissen, das auf dem Boden lag.

Mit ein paar Verrenkungen gelang es mir, mich auf das Kissen zu setzen und meine Beine unter den Tisch zu bugsieren. Von Anfang an herrschte eine entspannte Atmosphäre und nachdem wir uns einander offiziell vorgestellt hatten, plauderten wir fast wie alte Freunde. Pepe erzählte vom Alltag in buddhistischen Klöstern und ich von meiner ehemaligen Tätigkeit. Dabei war ich verwundert, wie sehr sich ein Mönch für medizinische Forschung interessierte, und an seinen gezielten Fragen merkte ich, dass er Vorkenntnisse in diesem Bereich hatte.

»Sehr aufschlussreich«, sagte er, nachdem ich ihm die neuesten Techniken zur DNA-Analyse geschildert hatte.

»Ach, bevor ich es vergesse.«

Pepe verließ den Raum und mir fiel auf, dass wir über das eigentliche Thema noch gar nicht gesprochen hatten. Die Zeit verging und ich bekam langsam ein mulmiges Gefühl. Erst jetzt bemerkte ich, dass es bereits dunkel wurde und der Raum weder Lampen noch Kerzen hatte. In zwei Ecken standen Holzfiguren. Verärgerte Götter mit Feuer, Schlangen und Totenköpfen. Ich starrte sie an und mit jedem Lichtstrahl, der das Zimmer verließ, schienen sie bösartiger zu werden. Grade als ich mich entschlossen hatte, Pepe zu suchen, schob sich die Türe auf.

»Kleine Kugel, schwer zu finden«, sagte er entschuldigend und drückte mir eine glänzende Metallkugel in die Hand.

»Die hilft dir beim Suchen und zeigt unsere Perspektive.«

Pepe lachte kurz.

»Du bist Wissenschaftler. Komm morgen wieder und zeige mir den Anfang der Kugel.«

»Eine Kugel hat keinen Anfang«, erwiderte ich sofort.

Pepe aber lächelte nur, nickte mir freundlich zu und verließ den Raum.

Auf dem Rückweg klebte die Kugel in meiner schweißnassen Hand.

Das bringt ja wohl nichts, dachte ich, während mein Magen mir signalisierte, dass er gefüllt werden wollte. *Netter Mann, aber ich bin doch nicht hierher gekommen, um Mathespielchen zu veranstalten.*

Nachdem ich zum siebten Male daran gescheitert war, Nudeln mit Stäbchen zu essen, und nur der Griff zur Gabel half, meinen Hunger zu stillen, ließ ich mich dann doch auf Pepes Spielchen ein. Mit Bedacht ließ ich die Kugel zwischen den Stäbchen rollen und begann darüber nachzudenken, was der Mönch mir sagen wollte. *Ihm muss klar sein, dass ich weiß, dass eine Kugel keinen Anfang hat. Warum also fragt er mich so etwas?* Ich drehte die Kugel zwischen meinen Fingern und beobachtete die Reflexionen des Metalls. *Zeigt die Perspektive*, hatte er gesagt. *Perspektive? – Sichtweise, meint er bestimmt. Die Sichtweise, dass das Universum keinen Anfang hat?*

Die kommende Nacht konnte ich kaum schlafen. Mein Gehirn arbeitete wie wild: *Was ist, wenn diese Sichtweise stimmt? Suche ich etwa den Anfang einer Kugel – einen Anfang des Universums, den es nicht gibt?*

Aufgeregt wie ein kleiner Schuljunge wartete ich am nächsten Morgen darauf, dass der Tempel seine Tore öffnete.

»Schöner Tag, nicht wahr!«, begrüßte mich Pepe überschwänglich, da er wohl meinem Gesicht ansah, dass ich wenig Schlaf und viele Fragen hatte.

Fast zwei Stunden lang tauschten wir Gedanken aus und Pepe ging geduldig auf jede meiner Fragen ein. Dank seiner klaren und abschließenden Antworten erlangte ich folgende Erkenntnisse:

Unser ganzes Denken wird durch die Vorstellung von Anfang und Ende geprägt. Wir werden geboren, und wenn irgendwann in unserem Körper etwas Lebensnotwendiges nicht mehr funktioniert, sterben wir. Geburt erscheint uns als Anfang und der Tod als Ende. Dieses Prinzip sehen wir überall und erfahren es am eigenen Körper. Daher meinen wir, auch das Universum müsse so sein – einen Anfang haben und irgendwann enden. Aus diesem Blickwinkel hatte ich meine Forschungsarbeit begonnen. Diese Sichtweise konnte jedoch nicht zu einer Lösung führen. Denn egal was wir auch finden werden, es wird immer die Frage bleiben, was dem Gefundenen vorausgegangen ist. Daher kann diese Sicht nicht zielführend sein. Es sind unsere menschlichen Erfahrungen, die uns diesen Blickwinkel aufzwingen.

Das Universum funktioniert aber nicht nach unserem menschlichen Konzept. Bei genauer Betrachtung erkennen wir, dass nichts im Universum einen Anfang oder ein Ende hat. Sonnen, Planeten, Atome, Neutronen, Protonen, Elektronen oder Quarks. Von den größten bis zu den kleinsten Erscheinungen besteht alles aus unendlichen Kugeln. Dabei ist die geometrische Form nicht das Entscheidende. Dass alles im Universum als Kugeln erscheint, macht jedoch deutlich, dass allem die Tatsache der Unendlichkeit innewohnt.

Diese mathematische Wahrheit wird durch die Zahl Pi bewiesen. Denn Pi ist unendlich und wiederholt sich nie. In der theoretischen Physik wird daher die Ansicht vertreten, dass sich allein mit Pi das gesamte Universum mathematisch darstellen lässt.

Wenn wir das Universum verstehen wollen, müssen wir dessen Sprache sprechen. Wir müssen eine universelle Sicht einnehmen und erkennen, dass alles ein Prozess von Veränderungen ist, der weder einen Anfang noch ein Ende hat. Pflanzen, Tiere, Menschen – alles entsteht und vergeht. Energie wird zu Materie, verändert sich, wird wieder zu Energie und wandelt sich erneut. In der Summe bleibt alles gleich. Dank Einstein wissen wir, dass Energie und Materie faktisch dasselbe sind. Auch wissen wir, dass der Gehalt an Energie und Materie in einem geschlossenen System immer unverändert bleibt. Was fehlt, ist die Erkenntnis, dass das Universum ein geschlossenes System der Unendlichkeit ist.

Aus diesem Blickwinkel wird klar, dass sich kein Anfang des Universums finden lässt. Die einzige zielführende Arbeitshypothese ist daher die Frage: Was ist das Universum?

Das Konzept von Zeit und Raum

Die Erkenntnis, dass nichts im Universum einen Anfang oder ein Ende hat, war ernüchternd. Ich merkte, dass ich bis jetzt die Rückseite eines Gemäldes betrachtet hatte, um herauszufinden, wie das darauf abgebildete Universum aussieht. Je mehr ich jedoch den universellen Blickwinkel verinnerlichte, desto einleuchtender wurde er.

Am nächsten Tag war ich wieder im Tempel. Erst nach langem Suchen entdeckte ich Pepe. Er war inmitten einer Gruppe betender Mönche. Wie ich später erfuhr, war es der erste Vollmondtag im Juli und es wurde der Dhammacakka-Tag gefeiert – der Tag, an dem Buddha seine erste Lehrrede gehalten und damit das Rad des Dharma in Gang gesetzt hatte.

Pepe schien sehr in die Zeremonie vertieft zu sein. Daher versuchte ich mich so zu stellen, dass er mich sehen konnte. Nach einer Weile zog sich die Mönchsgruppe in den Tempel zurück. Da ich mir nicht sicher war, ob Pepe mich überhaupt wahrgenommen hatte, befürchtete ich, ihn an diesem Tag nicht mehr zu Gesicht zu bekommen. Dennoch setzte ich mich auf die Treppe, wo wir uns das erste Mal getroffen hatte, las und wartete. Nach einer guten halben Stunde kam ein junger Mönch auf mich zu und verbeugte sich mit Bedacht. Mit beiden Händen überreichte er mir eine Rolle aus selbst gemachtem Papier, das durch ein rotes Stück Kordel zusammengehalten wurde.

Wie im Film, dachte ich spontan – fühlte mich aber sogleich respektlos und verbeugte mich meinerseits vor dem Überbringer. Gespannt entrollte ich das Papier und las:

Kein Anfang, kein Ende
Keine Zeit, kein Raum

Das macht Sinn. Ich musste schmunzeln und dankte dem jungen Mönch nochmals.

Die Erkenntnis, dass auch Zeit und Raum keine Konzepte des Universums sind, war mir nicht neu. Dennoch nahm ich Pepes Hinweis zum Anlass, mich intensiver damit zu beschäftigen. Also setzte ich mich wieder auf die Tempeltreppe und schrieb meine Gedanken nieder:

Wenn nichts im Universum einen Anfang und ein Ende hat. Wenn alles ein unendlicher Strom von Veränderungen, ein Wechselspiel von Energie und Materie ist. Dann gibt es auch keine Zeit und keinen Raum. Zeit und Raum spielen dabei einfach keine Rolle. Sie sind menschliche Denkkonzepte und für die Erklärung des Universums nicht notwendig.

Aus universeller Sicht ist Zeit nicht mehr als eine erfundene Maßeinheit. Ein Hilfsmittel, um die sinnliche Wahrnehmung von Veränderungsprozessen einordnen und zum Gegenstand wirtschaftlicher Leistungserbringung machen zu können. Und Raum? Er ist nur eine im Gehirn geschaffene Konstruktion aus Wahrnehmungen, die, von Erinnerungen angereichert, die Vorstellung von Raum entstehen lässt.

Raum dient der Orientierung. In der Unendlichkeit des Universums spielt aber auch diese Vorstellung keine Rolle.

Abends saß ich dann in einer halbwegs anständigen Fischbude und beobachtete, wie sich Menschenmassen durch die Gassen der Fußgängerzone quetschten. Während ich auf einem undefinierbaren Stück Fisch kaute, wurde mir klar, wie sehr wir uns doch von der Zeit treiben lassen. Unsere ganze Gesellschaft, ja eigentlich unser ganzes Leben baut auf dem System der Zeit auf. Lebenszeit, Arbeitszeit, Mutterzeit, Urlaubszeit … wir halten Zeit für etwas Naturgegebenes, das unaufhaltsam voranschreitet und daher knapp und wertvoll ist. Wir hetzen uns ab, um unsere Zeit sinnvoll zu nutzen, um viel Geld in möglichst kurzer Zeit zu verdienen, um so die Lebenszeit in vollen Zügen genießen zu können. Zwangsläufig drängten sich mir Vorstellungen einer zeitlosen Gesellschaft auf. Ich fragte mich, wie wir wohl leben würden, wenn jeder wirklich verinnerlicht hätte, dass Zeit nur eine Illusion ist. Würden wir weiterhin die materiellen Dinge des Lebens jagen und versuchen, so viel wie möglich zu verdienen und zu konsumieren? Ich denke nicht. Zeitlosigkeit beruhigt und rückt die Dinge ins richtige Licht. Wir wären friedlicher, freier und entspannter – und vielleicht ein wenig so wie Pepe und seine Mönchsbrüder.

Existenz aus sich selbst heraus

Am nächsten Morgen regnete es in Strömen und das sonst so üppige Frühstücksbuffet sah ziemlich kahl aus. Taifun, lautete die kurze Begründung des Küchenpersonals, die ich erst wirklich verstand, als ich mich entgegen aller Warnungen auf die Straße wagte. Trotz meines Regenschirms war ich innerhalb von Sekunden nass. Der Regen schien von unten zu kommen, und nachdem mein recht stabiler Schirm bereits an der ersten Ecke zerfleddert wurde, ging ich ins Hotel zurück. An der Rezeption lagen bereits Handtücher für mich bereit und aus dem Gesicht des Portiers konnte ich ein lautes *Hab ich´s nicht gesagt!* lesen.

Als der Sturm nachließ, zog ich meine Regensachen an und stiefelte auf den Wochenmarkt. Während der letzten Wochen waren mir des Öfteren Mönche aufgefallen, die morgens durch die Straßen zogen und Essensspenden sammelten. Mit der Annahme im Hinterkopf, dass wegen des Sturms wohl nicht so viele Spenden zusammengekommen sein dürften, kaufte ich zwei große Körbe mit frischem Obst und Gemüse. Im Tempel angekommen, bestätigte sich meine Vermutung. Mit einem herzlichen Lächeln nahm Pepe meine Spende entgegen und ließ sie sogleich weiterreichen.

»Wir ernähren uns ausschließlich von Essensspenden«, erklärte er und bat mich herein.

»Wir sammeln nur so viel, wie wir für einen Tag brauchen. Daher haben wir auch keine Vorräte.«

»Und wenn niemand spendet?«

»Dann essen wir nichts.«

»Und wenn überhaupt nichts mehr gespendet würde?«

»Dann würden wir sterben. Ein sehr simpler Zusammenhang, aber schwer zu verstehen, nicht wahr?«

Der Ordensbruder sprach, als wäre es die natürlichste Sache der Welt. Nicht einmal sein Lächeln verschwand dabei. Die Möglichkeit, sich auf andere Weise Essen zu beschaffen, schien er nicht einmal in Erwägung zu ziehen.

»Warum macht ihr das?«, wollte ich wissen.

»Sterben?«, fragte er lachend zurück, obwohl ihm klar war, dass meine Frage anders gemeint war.

»Nein, nein, ich meine, warum gebt ihr euch in eine solche Abhängigkeit von anderen?«

»Tee?«, fragte Pepe, nachdem wir den Raum erreicht und er sich elegant auf sein Bodenkissen platziert hatte.

Ich nickte.

»Wir leben von Spenden, damit wir nicht vergessen, dass wir kein Selbst in uns haben«, antwortete Pepe mit überzeugter Stimme und sorgte mit einer gekonnten Bewegung dafür, dass ich mein Kissen beim Hinsetzen nicht verfehlte.

»Kein Selbst – was soll das heißen?«

Pepe legte die Beine übereinander und neigte sich leicht nach vorne.

»Die meisten Menschen glauben, dass sie eine persönliche und eigenständige Identität haben. Sie glauben, ein Selbst zu haben, das unabhängig existiert und mit seiner Umwelt in Kontakt tritt. Diese ichbezogene Sichtweise scheint auf den ersten Blick sehr praktikabel . Hier bin ich, und da sind die anderen. Hier bin ich, und dort sind Dinge, die ich haben möchte. Auf diese Weise wird kommuniziert und konsumiert. Ein solches Ich oder Selbst gibt es aber nicht.«

»Aber ich bin doch hier, ich selbst existiere doch.«

»Die Sichtweise vom Nicht-Selbst ist schwer zu begreifen – besonders für Menschen aus dem Westen. Ich bin aber sicher, dass du es verstehen wirst. Denn um die Antworten auf deine Fragen finden zu können, musst du die Dinge so sehen, wie sie wirklich sind – unbeständig und ohne ein Selbst.«

Pepe beugte sich nach vorne und zog eine Blume aus dem Gesteck, das den Tisch dekorierte.

»Nichts im Universum existiert aus sich selbst heraus. Diese Blume hier ist das Ergebnis aller kausalen Zusammenhänge des gesamten Universums, die zu ihrer Entstehung notwendig sind. Sonne, Regen, Erde, die Strömung der Winde, also letztendlich die jetzige Konstellation aller Himmelskörper im Universum. Sie existiert nicht aus sich selbst heraus, denn in keinem Moment ist sie unabhängig von den Bedingungen, die zu ihrer Erscheinung führen. Daher sagen wir, dass sie kein Selbst hat.«

Er reichte mir die Blume und nippte bedacht an seinem Tee.

»Das Gleiche gilt für Menschen. Unsere Körper und Gedanken entstehen und vergehen in Abhängigkeit von Bedingungen.«

»Das ist nachvollziehbar. Trotzdem habe ich aber das Gefühl, als ein Selbst zu existieren. Woher kommt das?«

»Dieser Eindruck entsteht, weil unser Gehirn so schnell ist. Ohne dass wir uns dessen bewusst sind, verknüpft es aktuelle Wahrnehmungen und Erinnerungen. So entsteht ein Eindruck von Beständigkeit. Was wir unsere Persönlichkeit nennen, sind in Wahrheit nur wiederkehrende Gedankenströme. Diese sind so gefestigt, dass wir glauben, das zu sein, was wir denken. Beruf, Familienstatus, Staats- und Religionszugehörigkeit, Automarke, Bildungsstand und vieles mehr. All diese Dinge prägen uns so sehr, dass wir ein festes Element, ein Selbst in uns spüren. Das ist aber eine Illusion. In uns sitzt kein neutraler Beobachter, der uns durch die Welt führt und Entscheidungen trifft. Betrachte diese Blume und führ dir einmal den Vorgang des Sehens vor Augen. Was passiert da?«

»Nun, ich bin kein Augenarzt, aber so weit ich mich erinnern kann, reflektiert die Blume das von einer Quelle ausgesendete Licht. Dieses erzeugt ein Bild des Objektes auf der Netzhaut. Dort wird das Bild in Nervensignale umgewandelt und ans Gehirn weitergeleitet. Im Gehirn entsteht dann das Sehbewusstsein, und dem wahrgenommenen Objekt werden die dazu gespeicherten Eigenschaften zugeordnet.«

»Und, ist da ein Selbst im Spiel?«, fragte Pepe trocken.

Aus medizinischer Sicht war das klar. Jede menschliche Sinneswahrnehmung läuft ähnlich ab wie das Sehen. Auch war die Vorstellung eines Homunculus, der als vom Gehirn unabhängiges Bewusstsein die Dinge betrachten könnte, schon im 16. Jahrhundert verworfen worden. Daher wunderte es mich umso mehr, dass ich trotz allem das Gefühl hatte, als eigenständige Persönlichkeit durch die Welt zu gehen.

»Kein Selbst«, wiederholte ich mit Zweifel in der Stimme.

»Alles im Universum ist ein unpersönlicher Veränderungsprozess. Auch wenn du es nicht siehst, die Blume in deiner Hand verwelkt, während wir sprechen. In ein paar Tagen schon wird sie verdorben sein und in einem Monat wird es nichts mehr geben, das wir als Blume bezeichnen würden. Was wir grade als Blume wahrnehmen, ist in Wahrheit ein unaufhörlicher Prozess. Das Gleiche gilt für den menschlichen Körper und Bewusstseinszustände. Sie alle sind ein bedingter Prozess. Vergänglich und ohne ein Selbst.«

Behutsam nahm Pepe die Blume aus meiner Hand und platzierte sie wieder im Gesteck. Dann wurde sein Blick ernst und er fixierte meine Augen.

»Das Nicht-Selbst aller Dinge zu erkennen ist nicht einfach. Um es zu verinnerlichen, braucht man meist ein ganzes Leben. Arbeite daran und du wirst deine Antworten finden.«

Mit diesen Worten schien dem Mönch eine Last von den Schultern gefallen zu sein. Es war, als wäre in ihm ein Schalter umgelegt worden, und ein erleichtertes Lächeln überzog sein Gesicht.

»Bei unserem letzten Treffen hatten wir doch kurz über gentechnische Veränderung von Stammzellen gesprochen. Ist es in Ordnung, wenn ich dir dazu ein paar Fragen stelle?«

Der abrupte Themenwechsel des Ordensbruders war deutlich. Meine Belehrung war für den heutigen Tag vorbei und ich sollte nachdenken.

Mein Rückweg war gefährlich. Der Taifun hatte wieder an Stärke gewonnen. Mülltonnen schoben sich durch die engen Gassen und der warme Regen prasselte mir ins Gesicht. Einige Geschäfte hatten die Schaufenster mit Brettern geschützt und an manchen Stellen hatten sich riesige Pfützen gebildet. Unversehrt im Hotel angekommen, stellte ich mich erst einmal unter die erfrischende Dusche und legte mich in die schäumende Wanne. Draußen tobte der Sturm, aber meine Gedanken wurden immer ruhiger. Ich beobachtete, wie die Schaumbläschen auf dem Badewasser zerplatzten, und dachte über Pepes Worte nach: *Kein Selbst? Alles nur eine Gedankenkonstruktion?* Es erschien mir logisch und befremdend zugleich.

Frisch gebadet und geföhnt schnappte ich mir den Laptop und begann die heutigen Erkenntnisse niederzuschreiben:

Weil alles im Universum bedingt entsteht und vergeht, gibt es nichts, das aus sich selbst heraus existiert. Was wir als unseren Charakter oder dauerhafte Persönlichkeit sehen, ist nicht mehr als die Erinnerung an Sinneswahrnehmungen und Gefühle. Daher ist die Vorstellung von einem Selbst nur eine Illusion, die uns daran hindert, zu erkennen, wie die Dinge wirklich sind. Unbeständig und ohne Selbst.

Ich stoppte. Ich traute meinen eigenen Worten nicht und betrachtete die menschliche Sinneswahrnehmung nochmals naturwissenschaftlich. Das Ergebnis blieb: Da sitzt kein Ich im Kopf, das etwas sieht, hört, riecht, schmeckt oder fühlt. Sinneswahrnehmungen werden in elektrische Impulse umgewandelt und im Gehirn mit Erinnerungen zusammengeführt. So werden uns Objekte, Klänge, Gerüche usw. bewusst. Licht, das von einem Objekt reflektiert wird und ins Auge fällt, ist die Bedingung fürs Sehen. Und ein Objekt erkennen wir nur, wenn wir dessen Form im Gedächtnis mit einem Namen und Eigenschaften hinterlegt haben. Es sind einfach bedingte kausale Zusammenhänge, für die kein Selbst notwendig ist. Von diesem Moment an war ich davon überzeugt, dass das Selbst tatsächlich nur eine Illusion ist. Eine Ansicht, die wir entwickelt haben und unbewusst bei jeder Sinneswahrnehmung hinzufügen.

Mit Erschrecken wurde mir klar, dass eine alltägliche Aussage wie: *Ich sehe einen Tisch* naturwissenschaftlich eigentlich falsch ist. Es ist eine Aussage, die der Kommunikation dient, aber verkennt, dass der Tisch, das Sehen und der Sehende in Wahrheit Prozesse ohne einen Moment von Beständigkeit sind.

Grinsend stellte ich den Laptop zur Seite und ließ mich aufs Bett fallen.

»Das kann doch nicht wahr sein«, sagte ich leise in den Raum und fing an zu lachen.

In meinen vierzig Jahren naturwissenschaftlicher Forschungsarbeit war ich nicht einmal auf die Idee gekommen, diese Sichtweise zu hinterfragen. Mein und Dein, Du und Ich, Wir und Die da. Der duale Blickwinkel war für mich einfach selbstverständlich und ich erkannte, dass diese Sichtweise das Hindernis ist, um das Universum zu sehen, wie es wirklich ist.

Loslassen von Konzepten

Die Nacht war unruhig. Der Sturm rappelte am Hotel und überall heulten Sirenen. Gegen Mitternacht wurde es dann richtig laut. Wasser war in die Lobby eingedrungen und überzog die farbenfrohen Teppiche. Ich beschloss, mich nützlich zu machen: half, die Teppiche ins Dachgeschoss zu verfrachten, und füllte Plastiktüten mit Sand. Nach zwei anstrengenden Stunden schleppte ich mich dann in mein Zimmer und nahm die Erkenntnisse des Tages mit in den Schlaf.

Am Morgen war der Sturm vorbei und die Lobby wieder halbwegs hergerichtet. Ich war müde, brannte aber darauf, Pepe mitzuteilen, dass ich ihn verstanden hatte. Die Erkenntnis vom Nicht-Selbst ließ mich glauben, nun die richtige Sichtweise gefunden zu haben. Ich dachte, nun erkennen zu können, was das Universum wirklich ist. In meinen Gedanken betrachtete ich nicht mehr die Rückseite des Gemäldes. Ich schielte bereits von der Seite auf das Kunstwerk. In kürzester Zeit hatte Pepe mir so viel vermittelt. Daher war ich der festen Überzeugung, dass er die Antwort schon kannte und sie mir heute geben würde.

Der tropische Regensturm hatte eine erdrückende Luftfeuchtigkeit hinterlassen. Trotzdem hetzte ich zum Tempel. Als hätte er mich schon erwartet, stand Pepe auf der Treppe.

»Ich hab's verstanden«, rief ich schon von Weitem.

»Großartig!«, sagte er lobend, als ich atemlos vor ihm stand.

Der Bruder schien sich aufrichtig für mich zu freuen und lachte mitreizend.

»Ich habe verstanden, dass nichts im Universum ein Selbst hat.«

»Du bist ein schneller Lerner«, kommentierte er freundlich und in mir tobte Vorfreude auf die letzte Belehrung. Ich glaubte mich am Ziel und wir lachten wie kleine Schuljungen.

»Also Pepe«, sagte ich, nachdem wir uns wieder beruhigt hatten. »Ich denke, dass ich nun bereit bin, die Wahrheit über das Universum zu erfahren. Du hast mir die richtige Sichtweise gezeigt und ich sehe die Dinge nun wie sie wirklich sind.«

Mit Bedacht machte Pepe einen Schritt zur Seite und drehte sich wieder zu mir:

»Du hast recht. Den Blickwinkel hast du erkannt. Intellektuell hast du erfasst, dass es im Universum keinen Anfang, keine Zeit und keinen Raum gibt. Auch hast du erkannt, dass alles unbeständig und ohne Selbst ist. Dein Verstand hat daher erfasst, dass da eine Sichtweise ist, die dir weiterhelfen kann. Du betrachtest aber den neuen Blickwinkel mit deinen alten Ansichten. Um deine Fragen zu beantworten, musst du den Blickwickel nicht nur erkennen, sondern auch einnehmen.«

Ernüchtert nickte ich und versuchte, meine Enttäuschung zu verbergen.

»Es macht einen großen Unterschied, ob dein Verstand dir sagt, dass du kein Selbst hast, oder ob diese Tatsache in dir präsent ist, ohne dass es dafür eines

Denkprozesses bedarf. Intelligente Menschen wie du erkennen schnell, dass der Mensch nicht viel mehr ist als ein Klumpen Materie, in dem elektrische Impulse verschiedene Arten von Bewusstseinszuständen entstehen lassen. Sie erkennen auch, dass es kein Selbst geben kann, weil alles nur existiert, wenn die Bedingungen dafür gegeben sind. Diese Erkenntnis ist aber rein intellektueller Natur. Sie ist aus einem Verstand heraus entstanden, der seinerseits nur besteht, weil die Bedingungen dafür gegeben sind. Aus einem solchen bedingt entstandenen Bewusstseinszustand, einer zeitlich begrenzten Gegebenheit mit Anfang und Ende, mit Leben und Tod kann jedoch die Natur des unendlichen Universums nicht erkannt werden. Versuche daher nicht, das Nicht-Selbst mit deinem Kopf zu verstehen. Verinnerliche es in deinem ganzen Wesen. So wird dir die Sicht auf Leben, Tod und das Universum eröffnet.«

Mein Körper fühlte sich plötzlich schwer an und ich setzte mich auf die Treppen. Grade dachte ich noch kurz vorm Ziel zu sein, und jetzt so etwas. Alles, was Pepe mir bisher vermittelt hatte, konnte ich durch Denken und Überlegen nachvollziehen. Was er jedoch nun sagte, überstieg meine Fähigkeiten. Wie sollte ich etwas verstehen, ohne meinen Verstand dafür zu gebrauchen?

»Löse dich davon, das Nicht-Selbst als ein Konzept zu betrachten. Sehe es als das, was es ist. Der natürliche Zustand von allem. Diesen können konzeptionierte Gedanken nicht erfassen.«

»Und wie soll ich das machen. Ich bin Wissenschaftler. Ich habe mein ganzes Leben in Konzepten gedacht.«

Wortlos setzte Pepe sich zu mir auf die Treppe und wir blickten still auf das eifrige Treiben der Touristen.

»Beobachte das Leben«, sagte er nach einer Weile.

»Beobachte dich selbst und prüfe, ob das, was ich dir in den letzten Tagen vermittelt habe, stimmt.«

»Wieso soll ich das überprüfen?«, fragte ich verwundert, weil ich nicht erwartet hatte, dass ein Geistlicher seine Aussagen freiwillig einer Überprüfung unterziehen lassen würde.

»Erst wenn du es abschließend überprüft hast, wirst du ihm vertrauen können. Vertrauen ist eine Voraussetzung dafür, den Glauben an ein Selbst zu verringern und so den richtigen Blickwinkel zu erlangen.«

»Das hört sich nicht einfach an.«

»Habe ich gesagt, dass es ein einfacher Weg sein wird?«, Pepe grinste und klopfte mir auf die Schulter.

»Die Ansicht vom Nicht-Selbst zu verinnerlichen ist sehr schwer – ich habe es bis heute nicht geschafft.« Pepe grinste wieder und ich sah ihn fragend an.

»Das ist jetzt ein Scherz, oder?«

»Nein, nein.«

Das Grinsen verließ sein Gesicht und seine Stimme klang ernst.

»Hätte ich es verinnerlicht, wäre ich frei von den Leiden eines menschlichen Wesens. Aber das bin ich nicht. Ich bin auf dem Pfad dorthin und ich werde es mit Sicherheit irgendwann erreichen.«

»Aber du hast es mir doch grade erklärt.«

»Erklären ist nicht das Problem. Aber wirklich Nicht-Selbst zu sein und abschließend zu erkennen, wie die Dinge wirklich sind, das ist ein langer Prozess.«

In meinem Kopf kämpften Unverständnis und Neugierde. Das Ganze schien mir nun doch zu sehr in die religiöse Richtung abzudriften. Andererseits hatte ich dank Pepe enorme Fortschritte gemacht und konnte in den bisherigen Ausführungen des Buddhisten keine naturwissenschaftlichen Widersprüche entdecken. Ich stand vor der Entscheidung aufzugeben oder mich auf etwas einzulassen, was meine gesamte bisherige Denkweise infrage stellen würde.

»Wie lerne ich, Nicht-Selbst zu sein?«, fragte ich nach einer längeren Denkpause.

Pepe lächelte erleichtert, als er meine Frage hörte. Wahrscheinlich hatte er gemerkt, dass ich innerlich mit mir gerungen hatte.

»Indem du die Konzepte vom Selbst loslässt.«

Wat Phra Suk war ein überlaufener Großstadttempel, der für die Mönche keine optimalen Bedingungen zur Weiterentwicklung bot. Es war daher üblich, dass kleine Mönchsgruppen zu bestimmten Zeiten in die Berge zogen, um dort in Ruhe zu lernen und zu meditieren. Da sich Pepes Mönchsorden sehr für Medizin und den menschlichen Körper interessierte, trafen wir folgende Vereinbarung: Ich würde für sechs Wochen mit den Mönchen in die Berge ziehen und ihnen dort die Grundzüge der aktuellen Humanmedizin vermitteln. Im Gegenzug wollten sie mir helfen, das Nicht-Selbst zu verinnerlichen und so eine Sichtweise zu entwickeln, die zur Beantwortung meiner Fragen führen könnte.

Bis zur Abreise blieben noch fünf Tage und ich wurde immer nervöser. Unser Ziel war ein kleines Kloster in den Bergen des Chaloem Rattanakosin Nationalparks, ca. 250 Kilometer nordwestlich von Bangkok.

Was ist, wenn ich mal krank werde? Was tue ich, wenn etwas schiefläuft und die setzen mich einfach vor die Türe? Für einen Moment überkam mich ein ausgeprägtes Sicherheitsbedürfnis. Ich malte mir alles aus, was schiefgehen konnte. Nachdem ich mir aber die Gegend im Internet angeschaut hatte, beruhigte ich mich wieder. In der Nähe gab es Einkaufsmöglichkeiten und ärztliche Versorgung. Außerdem würde Pepe mitkommen und mir als Übersetzer zur Seite stehen.

Dank einer Bescheinigung des Tempels konnte ich mein Visum problemlos verlängern und begann nun, mir einige Arbeitsmaterialien für den medizinischen Unterricht der Mönche aus dem Netz zu ziehen. Nachdem ich ein halbwegs brauchbares Unterrichtskonzept erstellt hatte, besorgte ich noch ein paar Poster, die den menschlichen Körperbau zeigten, ein taugliches Wörterbuch und eine gut gefüllte Reiseapotheke. Dann war es so weit. Mit zwei Koffern und meinem dicken Rucksack saß ich in der Hotel-Lobby. Als Pepe kam, begrüßte er mich mit einem herzhaften Lächeln und stellte mich den zwei Mönchen vor, die ihn begleiteten. Diese schnappten sich gleich meine Koffer und zogen los. *Sehr nett,* dachte ich, bis mir auffiel, dass wir nicht in Richtung Tempel gingen.

»Wohin gehen wir?«, fragte ich laut und blieb stehen.

»Wir reisen leicht. Zu viele Sachen stören die Gedanken«, bekam ich als Antwort und sah, wie die zwei Mönche meine Koffer in ein Geschäft trugen. Ich geriet in Panik und wollte grade loslaufen, als ich Pepes Hand auf meiner Schulter spürte.

»Loslassen ist so schwer, nicht wahr.«

Ich hielt inne. *Konzepte loslassen. Das Konzept vom Selbst loslassen, das wollte ich doch auf dieser Reise lernen.*

»Hängst du an den Dingen in diesen Koffern?«

Schlagartig merkte ich, dass mein Unterricht hier und jetzt begonnen hatte.

»All diese Sachen kleben in deinem Kopf. Sie beschäftigen deinen Geist. Erst hast du sie ausgewählt, dann gekauft, jetzt musst du sie durch die Gegend tragen, sie vor Dieben schützen, sie waschen, pflegen, reparieren und entscheiden, wie und wann du sie benutzt. Aber was davon brauchst du wirklich? Sachen, die man nicht wirklich braucht, haben keinen Nutzen. Im Gegenteil, sie nutzen dich aus. Sie versklaven dich. Sie lassen dich arbeiten, damit du sie kaufen kannst. Sie lassen sich von dir hin und her tragen, waschen und pflegen. Und was bekommst du von ihnen dafür?«

Ich nickte kurz und wir betraten das Geschäft. Auf dem Tresen lagen meine noch verschlossenen Koffer.

»Wir spenden hier alles, was du nicht wirklich brauchst«, kündigte Pepe an und ich musste schlucken. Der ganze Laden war vollgestopft mit gebrauchter Kleidung, Küchenartikeln und alten Büchern. Spielzeug lag in den Ecken und hinter dem Tresen lugte ein Mann hervor, der, ohne ein Wort sagen zu müssen, die Hauptrolle in jedem Gangsterfilm bekommen hätte.

»Ist das ein guter Ort, um zu spenden?«, fragte ich Pepe und hoffte, dass der Inhaber kein Englisch verstehen würde.

»Der beste, den ich kenne«, erwiderte der Mönch freudig und öffnete die Koffer.

Nicht nötig. Das braucht man nicht – und das hier auch nicht, war alles, was ich hörte, während drei Mönche und ein Gangster meine Koffer durchwühlten.

»Nicht das Boss-Hemd, das haben wir in Paris gekauft«, hörte ich mich sagen und spürte, dass Pepe recht hatte. Ich hing an diesen Sachen und es tat weh, sie abzugeben. Dieses Hemd war tatsächlich in der Lage, mir psychische Schmerzen zuzufügen.

»Er möchte wissen, ob das alles echte Marken sind?«, Pepe fragte förmlich und deutete auf den Inhaber.

»Natürlich sind die echt«, antwortete ich abwehrend.

»Aber was tut das schon zur Sache, sind doch sowieso alles Spenden.«

»Es ist wichtig zu wissen«, erklärte Pepe geduldig.

»Wenn die Marken echt sind – was in Thailand nicht immer der Fall ist – bekommt er mehr Geld dafür.«

»Wer bekommt mehr Geld?«

Ich war wirklich gereizt. Wenn ich schon spenden musste, dann aber bitte für einen guten Zweck und nicht für einen schmierigen Secondhand-Gangster.

»Na er!«, sagte Pepe laut und zeigte hinter den Tresen.

»Die Kinder können doch deine Markenhemden nicht essen. Die haben Hunger«, rief der Mönch.

»Welche Kinder?«

»Die Kinder, die vor der Stadt in Wellblechhütten leben. Die Kinder, die unter der Sexgier der Welt leiden. Die Kinder, die gegen einen Schuss Heroin eingetauscht werden und noch nie in ihrem Leben Liebe erfahren haben. Für diese Kinder spendest du hier.«

Pepe deutete auf ein Fotoalbum und der eben noch so betrügerisch wirkende Händler wirkte auf einmal warmherzig und bescheiden. Er trat vor den Tresen und zeigte mir Bilder. Dort waren Kinder mit aufgequollenen Geschwüren, gebrochenen Beinen und eitrigen Schnittwunden. Junge Mädchen, in dessen Augen jeglicher Lebenswille fehlte, und kleine Jungs, die wie Sklaven gehalten wurden.

»Sie helfen diesen Kindern?«, fragte ich den Mann prüfend.

»Sie verkaufen hier die Sachen und helfen damit diesen Kindern auf den Fotos?«

Pepe übersetzte und der Mann antwortete ihm mit einer überraschend weichen Stimme.

»Er sagt, dass nur Gebete denen auf den Fotos helfen können. Denn sie sind leider alle tot. Aber Kindern wie diesen werden deine Sachen zugutekommen.«

Wie sehr ich mich doch von Äußerlichkeiten täuschen lasse, dachte ich und schüttete den Inhalt meines Rucksacks auf den Tresen. Wir sortierten alles aus, was ich nicht wirklich brauchen würde. Als wir den Laden verließen, hatte sich meine Habe auf einen gut gefüllten Rucksack reduziert.

»Wir reisen leicht«, wiederholte Pepe und ich wusste, dass er damit nicht nur das Gewicht der Koffer meinte. Mein Gefühl war tatsächlich leichter geworden. Ich musste mir über die ganzen Sachen, die ich nach Thailand geschleppt hatte, keine Gedanken mehr machen. Im Rucksack waren Kleidung, die Lehrmaterialien und alles, was den Körper sauber hält. Außerdem hatte ich Kindern helfen können. Ich hatte etwas losgelassen und das tat wirklich gut.

Die Unbeständigkeit von allem

Im Tempel traf ich dann die weiteren Mönche, mit denen ich die nächsten Wochen verbringen würde. Es waren überwiegend jüngere Männer, die ich auf Mitte zwanzig schätzte. Nur ein Bruder schien ungefähr mein Alter zu haben. Sie begegneten mir mit einer verspielten Art von Offenheit und ich fühlte mich gleich wohl in ihrer Gesellschaft. Nach satten zwei Stunden auf dem immer wärmer werdenden Tempelplatz kam endlich der Bus. Während die Mönche eifrig ihre Sachen einluden, betrachtete ich das Fahrzeug mit Skepsis. Es war ein uralter gelber Schulbus, dem die Fensterscheiben und Motorhaube fehlten.

»Aber Bremsen hat der doch, oder?«, fragte ich Pepe halb ernst, halb scherzhaft.

»Ist kein deutsches Auto, sorry«, bekam ich als Antwort, während der Busfahrer mir mit dem Rucksack half.

Für die ersten zwei Kilometer brauchten wir eine gute halbe Stunde. Stau – ohne Ende! Die sperrigen Holzbänke drückten schon nach den ersten Minuten und an jeder Ecke gab es ein Hupkonzert. Ich dachte grade darüber nach, ein Stück zu Fuß zu gehen, als plötzlich ein Mopedfahrer lautstark in den Bus brüllte. Zu meiner Überraschung kannte ich ihn. Es war der Mann vom Secondhand-Laden. Er reichte Pepe zwei Holzbehälter und eine Plastiktüte. Sofort verneigten sich alle Mönche und fingen an, etwas auf Thai zu murmeln.

»Was ist das?«, wollte ich wissen, nachdem der Mann lautstark abgedüst war.

»Ein Zeichen von Nehmen und Geben.«

Pepe öffnete einen der Behälter.

»Essen. Seine Frau hat das für uns gekocht und er bedankt sich damit für deine Spenden. Auch wir danken dir, denn ohne dich hätte uns dieses Essen nicht erreicht.«

Pepe gab ein Zeichen und mit einer tiefen Verbeugung bedankten sich die Mönche bei mir.

Im Nu war der Boden des Busses mit Tüchern ausgelegt und die Speisen in Schüsseln verteilt. Es war eine sonderbare Situation. Da saß ich nun mit elf buddhistischen Mönchen in einem gelben Schulbus mitten im Stau von Bangkok und aß Gemüsereis. *Wo das Leben einen so hinführen kann,* dachte ich schmunzelnd und spürte ein lange verborgenes Gefühl von Lebensfreude.

Nachdem wir aus der Stadt raus waren, ging es endlich vorwärts. Als würde er die im Stau verlorene Zeit wieder rausholen wollen, heizte der Fahrer durch die Dörfer. Da der Verkehr in der Stadt sowieso die halbe Zeit stand, nahm ich den Linksverkehr erst auf der Landstraße zum ersten Mal richtig wahr. Irgendwie unheimlich, wenn einem die Autos plötzlich auf der anderen Seite entgegen kommen.

Als wir gerade an einem von Bergen umgebenen See entlangfuhren, hielt der Bus abrupt an. In einer Waldschneise, etwas abseits der Straße, sah ich eine große goldene Buddhastatue. Prunkvoll und glänzend stand sie auf einer weißen Empore und stach auffällig aus der Landschaft hervor. *Was für ein Kontrast,* dachte ich sofort, als mir die heruntergekommenen Wellblechhütten hinter der Statue auffielen. Ich versuchte grade zu verstehen, warum es den Menschen wichtiger war, einen glänzenden Buddha zu haben, als ein solides Dach über dem Kopf, als Kindergeschrei mich aus den Gedanken riss. Die Mönche waren noch nicht ganz aus dem Bus raus, da kam auch schon eine Schar von Kindern auf sie zugerannt.

»Wir halten hier jedes Jahr«, rief Pepe und verschwand in dem Pulk.

»Wie schnell doch Kinder wachsen – komm raus!«

Die Kinder hatten Blumenkränze vorbereitet und hängten sie den Mönchen um. Ich wollte etwas Abstand halten, aber Pepe gab mir deutlich zu verstehen, dass ich näherkommen sollte. Er erzählte den Kindern, wer ich bin und warum ich nach Thailand gekommen war. Dabei sprangen die Augen der Kleinen lebhaft hin und her. Mal auf Pepe, mal auf mich gerichtet funkelten sie mit skeptischer Erwartung. Schließlich streifte Pepe seinen Blumenkranz ab und gab ihn einem kleinen Mädchen. Mit kurzen Schritten kam sie auf mich zu und ich neigte meinen Kopf. Große dunkle Augen strahlten aus ihrem mit roter Erde verschmierten Gesicht. Vorsichtig legte sie den Kranz um meinen Kopf und entfernte sich im Rückwärtsschritt. Dann wurde es wieder laut. Die Mönche hatten den Rest des Essens aus dem Bus geholt und verteilten ihn unter den Kindern. Während die Kleinen aßen, gab Pepe mir heimlich die vom Secondhand-Händler in den Bus gereichte Plastiktüte. Sie war voll mit Holzspielzeug und Bauklötzchen.

»Klasse«, sagte ich leise und nickte Pepe zu. Als die Schüsseln bis auf das letzte Reiskorn leer gegessen waren, liefen die Kinder schnurstracks zur Buddhastatue und bedankten sich. Wir folgten ihnen, und nachdem die Mönche die Kinder gesegnet hatten, rief Pepe sie zu sich. Ich weiß nicht, was er ihnen erzählt hat. Jedenfalls bildeten die Kinder einen Kreis um mich, knieten auf dem Boden nieder und schlossen die Augen.

Durch Zeichen gab mir Pepe zu verstehen, dass ich die Tüte nun dort stehen lassen und aus dem Kreis herauskommen könne. Die Kinder verharrten reglos, bis der letzte Mönch im Bus war. Dann hörten wir nur noch Freudenschreie. Im Wegfahren sahen wir, wie sie das Spielzeug in die Luft hielten, sich verbeugten und winkten. Mir stiegen Tränen in die Augen. Die Dankbarkeit dieser Kinder war so tief und so echt. Ich dachte daran, wie viel Essen und Spielsachen manch andere Kinder haben. Aber glücklicher? Nein, glücklicher sind sie dadurch nicht.

Nach einer weiteren halben Stunde hielt der Bus am Straßenrand.

»Ab hier laufen wir«, kündigte Pepe an und ging voraus.

Der Untergrund war so weich, dass ich schon nach den ersten Metern spürte, wie meine Beine schwächer wurden. Einige Zeit stiefelten wir durch rote sandige Erde, bis vor uns eine Wand aus Sträuchern und dicht gewachsenen Bäumen stand.

»Hier geht's lang!«, hörte ich und sah, wie Pepe im Dickicht verschwand. Kaum hatte ich den ersten Fuß in den Wald gesetzt, fielen auch schon Moskitos über mich her. Stiche über Stiche. Innerhalb kürzester Zeit glich meine Haut einem Streuselkuchen. Auch mein teuer erworbenes Insektenspray brachte nicht viel. Sie kamen weiterhin und stachen zu. *Wie machen das die Mönche bloß?,* fragte ich mich, als ich nach einiger Zeit bemerkte, dass ich wohl der Einzige war, der versuchte, sich mit wilden Schlägen der blutsüchtigen Viecher zu entledigen. Ich musste Pepe fragen. Nach einer mühevollen Aufholjagd auf schmalem Pfade hatte ich ihn erreicht.

»Pepe, Pepe!«, ich war außer Atem und der Schweiß lief mir übers Gesicht.

»Kannst du mir verraten, warum ihr nicht von den Moskitos attackiert werdet?«

Ich zeigte auf meine Stiche und hielt ihm das Insektenspray demonstrativ entgegen.

Pepe betrachtete beides kurz und kicherte kindisch.

»Sei nicht so geizig«, sagte er und ging weiter.

»Du hast genug Blut. Die Moskitos nehmen nicht mehr als sie brauchen. Sie sind nicht wie Menschen. Du bist ein gutes Abendessen für sie. Deutsche Küche gibt es hier selten«, er kicherte wieder und ich kratzte wie wild an meinen Beinen.

»Es sind nur Moskitostiche. Der Ärger, den du mit ihnen hast, kommt aus deinen Gedanken. Es ist deine Sicht der Dinge, die dich leiden lässt, nicht die Stiche.«

So als wäre es beim Gehen aus Versehen passiert, zog Pepe seine Robe ein Stück hoch und ich konnte sehen, dass auch seine Beine zerstochen waren.

»Du siehst dich und Moskitos, die dich stechen. Das ist Dualität. Das ist die Sicht aus einem Selbst heraus. Mit der Erkenntnis vom Nicht-Selbst wirst du sehen, dass hier nur ein unpersönlicher Veränderungsprozess abläuft. Dann wirst du nicht mehr unter den Moskitostichen leiden und es hört auf zu jucken.«

Das Brennen meiner Haut und die Vorstellung, dieses nun sechs Wochen lang ertragen zu müssen, sorgten dafür, dass ich Pepes Worten keine große Beachtung schenkte. Erst zwei Wochen später, als mir die Stiche tatsächlich nichts mehr ausmachten, verstand ich, was er mir grade erklärt hatte. Hier und jetzt gab es für mich nur eines: ich musste dafür sorgen, dass ich nicht mehr gestochen wurde! Trotz der erdrückenden Hitze zog ich also meine langärmeligen Regensachen an und quälte mich schweißnass den Berg hinauf.

Nach dem Gewaltmarsch, der mich an den Rand meiner Kräfte gebracht hatte, erreichten wir endlich das Bergkloster. Es war gegen eine bewachsene Felswand gebaut und erheblich kleiner, als ich es mir vorgestellt hatte. Fünf Holzhütten, ein paar Unterstände und ein kleiner Tempel sollten die kommenden Wochen mein Lebensraum sein. Die Holzhütten waren auf Baumstämmen errichtet und mit Strohdächern gedeckt. Ihre Fenster waren Aussparungen in den Außenwänden und als Türen fungierten farbige Decken. Unter anderen Umständen hätte ich sofort kehrtgemacht und wäre in ein nettes Hotel mit Klimaanlage geflüchtet. Aber das Gefühl, mich der Beantwortung meiner Fragen zu nähern, verdrängte mein Verlangen nach Komfort. Zu meiner Freude bekam ich eine Hütte für mich alleine. Sie lag am äußeren Rand der kleinen Siedlung und diente gleichzeitig als Unterrichtsraum. *Wo ist denn das Bett?,* war mein erster Gedanke, als Pepe mich ins Innere führte. Dann erkannte ich in einer dunklen Ecke der Einraumhütte eine Schlafstelle. Sie bestand aus einer Reisigmatte mit Wolldecken und schrie förmlich nach Rückenschmerzen. Nachdem ich meine Sachen ausgepackt und die Unterrichtsmaterialien sortiert hatte, tauchte ein magerer, faltiger Mann in der Hütte auf. Mit Händen und Füßen gab er mir zu verstehen, dass er der Klosterwart sei und mir die Anlage zeigen wollte. Unser Rundgang war kurz, aber aufschlussreich. Kein warmes Wasser, ein Bretterverschlag mit Holzsitz als Toilette und eine Feuerstelle als Küche. *Hoffentlich bekomme ich hier nicht wieder Magenprobleme,* kam mir in den Sinn, bevor wir den kleinen Tempel betraten. Es war das einzige Steingebäude und ich spürte sofort die wohltuende Kühle. Im Inneren befanden sich uralte Steinfiguren. Manche waren überwachsen, andere hatte der Zahn der Zeit zerbröckeln lassen. In der Mitte saß ein wohlgenährter goldener Buddha, dessen mitfühlendes Lächeln den Raum erfüllte. Der

Klosterwart verbeugte sich mehrmals vor der Figur und redete wild auf mich ein, während er das Podest mit Blumen dekorierte. Ich hatte nicht den Eindruck, dass er wusste, dass ich kein Thai verstehe. Es spielte aber keine Rolle. Auch ohne Worte war klar, dass der dürre Mann sich nach besten Kräften um mein Wohlergehen bemühte. Daher lächelte ich freundlich und nickte verständnisvoll, wenn sein Blick mich erreichte.

Mittlerweile hatte die Dämmerung eingesetzt und ich kehrte völlig erschöpft in meine Hütte zurück. Als ich grade meine Schlafecke testen wollte, kam der Klosterwart wieder und redete los. Dieses Mal bedurfte es wahrlich keiner Worte, denn er brachte einen Moskitoschutz, reichlich Brot, Tee und etwas Gemüse. Mit ein paar gekonnten Griffen befestigte er das Fliegennetz so über meiner Schlafstelle, dass es mich wie ein Zelt umgab. Dann zog er ein Stück Hartkäse aus der Tasche und gab es mir, als wäre es ein geheimes Geschenk. Ich war erleichtert, das Essen zu sehen, da ich wusste, dass die Mönche abends nichts zu sich nahmen. Mit gefülltem Magen wagte ich mich dann an meine erste Dusche. Es war so kalt! Mein ganzer Körper war von der Wanderung noch so aufgeheizt, dass mir von dem eisigen Wasser schwindelig wurde. Ich musste mich setzen und reduzierte an diesem Tag die Körperpflege auf ein Minimum.

Als ich wieder in meine Hütte kam, warteten dort Pepe und Dabou auf mich. Dabou war der ältere Mönch, der uns begleitete und den ich auf Mitte sechzig geschätzt hatte. Wie ich später erfuhr, konnte er jedoch schon auf stattliche 77 Jahre zurückblicken und gehörte daher zum Ältestenrat des Tempels. Seine Jugend hatte Dabou in tibetischen Klöstern verbracht und galt als Kenner des Tibetischen Totenbuches. Er war mir vom ersten Augenblick an sympathisch und strahlte eine unbeschreiblich tiefe Ruhe aus.

Wir machten es uns in der Mitte des Raumes bequem und Pepe stellte mich dem weisen Mönch offiziell vor. Dabei nannte er mir dessen vollständigen Namen und ich fragte mich gleich, warum in manchen Kulturen so lange und komplizierte Personenbezeichnungen geschaffen werden.

»Du darfst aber Dabou sagen – das ist leichter«, fügte Pepe schnell hinzu, als er sah, wie mein Gesicht mit jeder Silbe länger wurde.

»Meinen echten Namen kennst du ja auch nicht. Der ist noch länger!«, verkündete Pepe und ich hörte eine gewisse Selbstironie in seiner Stimme heraus.

Nachdem die Sache mit den Namen geklärt war, setzte Pepe seinen Ordensbruder ins Bild. Er sprach von meiner medizinischen Tätigkeit und dass die Mönche viel von mir lernen könnten. Erzählte ihm, wie wir uns im Wat Phra Suk begegnet waren, was meiner Familie zugestoßen war und dass ich hier bin, um Leben, Tod und schließlich das Universum zu verstehen. Obwohl ich mir sicher war, dass Pepe seinem Ordensbruder vor Reiseantritt bereits alles über mich mitgeteilt hatte, hörte Dabou aufmerksam zu. Dann war Pepe fertig und sein Ordensbruder drehte sich zu mir.

»Er möchte deiner Familie gedenken«, übersetzte Pepe und kniete sich vor Dabou. Ich zögerte, kniete mich dann aber auch und senkte den Kopf. Mit Bedacht zog der alte Mönch eine kleine Papierrolle aus seiner Robe und legte sie vor sich. Dann schlug er plötzlich seine Handflächen zusammen. Ein lautes Klatschen drang durch den Raum und ich schreckte hoch. Mit gefalteten Händen verneigte er sich dreimal und fing an, melodisch zu lesen. Seine Stimme klang unerkennbar anders und erfüllte die Hütte mit Rhythmus. Augenblicklich hatte die Melodie mich ergriffen und trug meine Gedanken zu Irmgard und Markus. Ich sah sie vor mir – dieses Mal aber unverletzt und lächelnd. Da war meine Frau in ihren besten Jahren. Ihre Augen funkelten und sie hielt unser Baby im Arm. In mir entstand ein ungekanntes Gefühl. Es war weder Trauer noch Freude über die schönen Erinnerungen. Es war eine neutrale Ruhe. Für einen Moment konnte ich meine Familie einfach nur betrachten. Ohne Trauer und ohne Selbstvorwürfe.

Ich hatte die Augen geschlossen und wieder war mein Zeitgefühl verloren gegangen. Dadous Gesang hatte mich mitgenommen. Jetzt war er verklungen und ich fragte mich, wie unverständliche Worte so etwas in mir bewirken konnten.

»Tee?«, fragte Pepe, der offensichtlich gemerkt hatte, dass ich mit den Gedanken woanders gewesen war.

»Gerne.«

»Dadou möchte dir einen Leitfaden für deinen Aufenthalt vorschlagen. Ich werde versuchen, so genau wie möglich zu übersetzen, denn es ist wirklich wichtig.«

Beide Mönche rückten gleichzeitig ein Stück nach vorne und Dabou begann:

»Deine Suche ist sehr verständlich. Der Tod deiner Familie hat in dir die Bereitschaft zum wirklichen Erkennen geschaffen. Der Buddha ist oft gefragt worden, wie die Welt entstanden ist. Obwohl er vermutlich die Antwort darauf kannte, hat er sie nie kundgetan. Denn es ist für seine Lehre nicht relevant. Der Buddha verfolgt mit seinen weit über 84.000 Lehrreden nämlich nur ein Ziel: Er möchte allen Wesen die Möglichkeit geben, die endgültige Befreiung vom Leiden zu erreichen. Tod ist die unabwendbare Konsequenz einer jeden Geburt. Alles, was geboren wurde, wird sterben. Menschen werden alt, krank und sterben. Dieser Zustand erscheint uns unbefriedigend und wir leiden darunter.

Buddha hat erkannt, dass alles nur entsteht, wenn die Voraussetzungen dafür gegeben sind. Dieses gilt sowohl für materielle Dinge als auch für Geisteszustände. Menschen, Tiere, Pflanzen, Erde oder Steine, alles entsteht nur, wenn die Bedingungen dafür gegeben sind. Das Gleiche gilt für Gefühle, Ideen und das Leiden. Das durch Geburt, Alter, Krankheit und Tod verursachte Leiden endet, wenn die Voraussetzungen dafür nicht mehr gegeben sind. Buddha ist diese

Tatsache bewusst geworden und er hat die Voraussetzungen des Leidens gefunden.

Die Lehre des Buddha ist eine Methode, die Voraussetzungen von Leiden zu beenden. Es ist ein auf umfassender Geistesschulung beruhender Lebensweg, durch den ein leidloser Zustand erreicht wird, den wir Nirvana nennen.

Um diesen Lebensweg zu gehen, ist es für uns nicht notwendig, zu wissen, wie die Welt entstanden ist. Wir werden dir die Antwort daher nicht geben können. Buddha sagt aber auch, dass die Antwort auf jedes Problem, das ein Mensch zu lösen versucht, bereits vorhanden ist. Er muss sich ihr nur bewusst werden. Die Antworten auf deine Fragen sind also in dir. Du wirst sie finden, wenn du erkennst, wie die Dinge wirklich sind. Dafür bist du hier. Wenn du verinnerlichst, dass alles unbeständig ist und nicht aus sich selbst heraus existiert, wirst du die Antworten sehen.«

Ich blickte den Mönch fragend an und versuchte seine Worte zu verdauen.

»Und wie mache ich das? Ich meine rein praktisch.«

»Das ist eine Sache für einen weiteren Tag.«

Mit diesen Worten verabschiedete sich Dabou und verließ die Hütte.

»Er ist ein sehr weiser Mann«, sagte Pepe, nickte mir kurz zu und folgte seinem Mönchsbruder.

Am nächsten Morgen wurde ich von Gesang geweckt. Aus dem kleinen Tempel klangen die Stimmen der Mönche und hallten von der Felswand zurück.

Fünf Uhr! Muss das denn sein, war mein erster Gedanke, während ich versuchte aufzustehen. Vergebens. Erwartungsgemäß waren Reisigmatte und Wolldecke für meinen an Matratzen gewöhnten Rücken zu wenig gewesen. Ein stechender Schmerz unter dem linken Schulterblatt machte ein Hochkommen unmöglich. Erst nach einigen Dehnungen gelang es mir, mich über die Seite hochzudrücken. *Na das geht ja gut los,* ging mir durch den Kopf, während ich mich vorsichtig zur Toilette begab. Das WC schien bei Moskitos besonders beliebt zu sein. Vielleicht mögen sie den Geruch oder sie wissen, dass man dort ziemlich hilflos ist. Auf jeden Fall nutzten die Viecher es schamlos aus, dass ich mich nicht bewegen konnte, und frühstückten an mir.

Gegen sechs Uhr kam der Klosterwart, überprüfte mein Moskitonetz gewissenhaft und brachte Frühstück. Es bestand aus Reis und wunderbar natürlich schmeckenden Früchten. Ananas, Litchi und Mango, alles aus dem eigenen Garten. Im Bergkloster entfiel für die Mönche der morgendliche Almosengang. Daher widmeten sie diese Zeit der Gebäudepflege und der Essenszubereitung. Meine Aufgabe war es, die Hütten zu fegen. Das würde den Geist reinigen, hatte Pepe behauptet.

Während ich den Luxus von drei Mahlzeiten genoss, aßen die Mönche nur einmal am Tag. Alles musste gegessen sein, bevor die Sonne ihren höchsten Stand erreicht hatte – so war die Regel. Nach gemeinsamem Abwasch meditierten die Mönche und ich bereitete alles für den Unterricht vor. Gegen Nachmittag war es dann so weit. Pepe kam in die Hütte und fragte, ob es losgehen könne. Aufgrund meiner früheren Tätigkeit war ich es gewohnt, vor Gruppen zu sprechen. Dennoch verspürte ich eine gewisse Anspannung. Diese legte sich jedoch schnell, als ich merkte, wie interessiert, offenherzig und vor allem wissbegierig mein Publikum war. Aufmerksam hörten die Mönche zu und stellten Fragen, die auf ein tiefes Verständnis und hohe Intelligenz hindeuteten. Ohne medizinisch vorgebildet zu sein, verstanden die jungen Männer verblüffend schnell den Aufbau des menschlichen Körpers, die dort wirkenden Zusammenhänge und wie sich Krankheiten zeigen.

Am Abend kamen Pepe und Dabou wieder zu mir. Sie bedankten sich mehrfach für den Unterricht und wir plauderten ein wenig. Plötzlich klatschte Dabou wieder laut in die Hände. Ich erschrak und starrte ihn an.

»Hör zu!«, sagte er mit kräftiger Stimme und Pepe übersetzte schnell.

»Es gibt nur ein Gesetz im Universum, das sich nie ändert: Alle Dinge ändern sich.«

Ich blickte nachdenklich in die Flamme der Öllampe.

»Es ist wichtig, das zu verinnerlichen. Nichts ist dauerhaft, denn alle Dinge wandeln sich. So ist das Universum. Meditiere darüber.«

»Ich kann nicht meditieren«, antwortete ich spontan und erinnerte mich an meinen Yoga-Crashkurs in Bangkok, bei dem das schon nicht geklappt hatte.

»Ich weiß auch nicht, ob ich das will«, schob ich leise hinterher und fühlte mich plötzlich ein wenig zu sehr in eine religiöse Richtung gedrängt.

»Tut mir leid, aber ich glaube nicht an Götter wie Buddha oder so.«

Mir war klar, dass ich den Mönchen mit dieser Aussage auf den Fuß treten würde. Aber ich hatte Pepe im Vorfeld ganz klar gesagt, dass ich mich nicht auf religiöse Dinge einlassen würde. Umso überraschter war ich über die Reaktion der beiden. Denn sie fingen herzhaft an zu lachen. Nicht dass sie mich auslachten oder sich über mich lustig machten. Sie lachten einfach so. Ganz natürlich und von Herzen. Meine Anspannung floss dahin und ich musste mitlachen. Ohne zu wissen warum oder worüber sie lachten – sie rissen mich einfach mit. Als wir uns beruhigt hatten, klärte Pepe mich über den Grund des Lachanfalls auf:

»Buddha ist kein Gott«, sagte er ruhig und ohne dabei belehrend zu wirken.

»Er war ein Mensch wie du und ich. Ihm ist es jedoch gelungen, die Dinge so zu sehen, wie sie wirklich sind: unbeständig, unbefriedigend und ohne Selbst. Er hat erkannt, dass die Menschen leiden, weil sie die Dinge nicht so sehen, wie sie wirklich sind, und an ihnen anhaften. Durch dieses Anhaften und den Glauben an ein Selbst entsteht Leiden. Buddha ist kein Gott oder Prophet, den wir anbeten in der Hoffnung, dass er uns vom Leiden befreit. Er ist jemand, der uns Methoden übermittelt hat, wie man eine Denkweise entwickeln kann. Eine Denkweise, die es erlaubt, die Dinge zu sehen, wie sie wirklich sind. Meditation ist eine dieser Methoden. Sie ist ein Mittel, um Einsicht und Konzentration zu erlangen.«

Das war für mich neu. Ich hatte immer geglaubt, Buddha sein der Gott der Buddhisten und dass durch Meditation gottesähnliche Zustände erreicht werden sollen.

»In der Meditation betrachten wir die Dinge, wie sie sind. Daher kann sie dir nützlich sein zu erkennen, was das Universum wirklich ist.«

»Und wie mache ich das?«

»Es gibt sehr viele Übungen. Gut wäre, wenn du dich so hinsetzt, dass der Rücken gerade ist.« Mit eleganter Leichtigkeit legte Pepe seine Beine übereinander und nahm die Lotus-Position ein. Mir tat bereits der Anblick weh. Trotzdem versuchte ich es, aber mein Rücken meldete sich sofort.

»Nur so weit, wie es geht«, riet mir der Bruder und stützte mich ein wenig.

»Du kannst das Meditationskissen dort hinten benutzen.«

Pepe deutete auf die hinterste Ecke im Raum.

»Da ist der Meditationsplatz. Er ist über dem Fundament, nicht auf den Holzpflöcken. Dort hast du eine direkte Verbindung zur Erde – das ist besser.«

Da sich bei mir grade ein Wadenkrampf zusammenzog, waren Pepes Worte ein guter Anlass aufzustehen. Ich hievte mich hoch und erkundete den Platz, bis der Krampf vorbei war.

Als ich wieder saß, fuhr Pepe fort:

»Um Einsicht in die Unbeständigkeit aller Dinge zu erlangen, bietet es sich an, ein Objekt aus der Natur zu betrachten. Einen Baum zum Beispiel: Stell dir den Samen des Baumes vor. Pflanze ihn in die Erde. Beobachte, wie er sprießt, wie er wächst und wie ein gewaltiger Baum daraus wird. Siehe die Veränderungen im Wachstum und in den Jahreszeiten. Verfolge den Gang seiner Blätter. Wie sie fallen, verfaulen und zu Erde werden. Und siehe schließlich, wie auch der Baum wieder zu Erde wird. Nimm dir dabei Zeit und viele Objekte. Schau genau hin und du wirst sehen, dass es in keinem Objekt Beständigkeit gibt. Selbst die gewaltigen Berge des Himalaja, die Sonne und die Erde – sie sind bedingt entstanden und werden vergehen.«

Die Bedingtheit von allem

Von nun an hatte ich einen klaren Tagesablauf: Fegen, unterrichten, essen, lernen und meditieren. Seitdem ich wusste, dass Buddha kein Gott und Meditation nichts Religiöses ist, meditierte ich. Durch die abendlichen Gespräche mit Pepe und Dabou hatte ich herausgefunden, dass Buddhismus mehr eine realitätsbezogene Lebensweise als eine Religion ist. Zu meiner Verblüffung erfuhr ich, dass die ganzen Zeremonien und Buddhastatuen, die Touristen weltweit begeistern, vom Ur-Buddha gar nicht gewollt waren. Ich lernte, dass es viele Buddhas gibt und dass der Ur-Buddha, namens Siddharta Gautama, zunächst nicht unterrichten wollte, da er befürchtete, dass die Menschen durch Gier und Hass so verblendet seien, dass sie ihn gar nicht verstehen würden.

Mittlerweile hatte ich mich an die harte Schlafunterlage gewöhnt und meine Rückschmerzen waren erheblich besser geworden. Auch die Moskitostiche konnten mich nicht mehr ärgern. Pepe hatte recht gehabt. Es war reine Kopfsache. Ich sah die Stechfliegen nun als Lebewesen, die nichts weiter taten, als sich zu ernähren. Sie waren nicht mehr meine Feinde, sondern Insekten, denen ich etwas Gutes tat. Mit dieser Einstellung juckten die Stiche nicht mehr. Natürlich waren sie noch da, aber ich hatte sie als das erkannt, was sie wirklich sind: ein Veränderungsprozess der Haut. Beim medizinischen Unterricht waren die Mönche unglaublich wissbegierig und je mehr ich ihre

Denkweise verstand, desto besser konnten wir kommunizieren. Hin und wieder verließ Pepe sogar den Raum und wir verstanden uns auch ohne seine Übersetzungen. Es war eine befreite Atmosphäre –angenehm und konstruktiv zugleich.

Jeden Abend kamen Pepe und Dabou in meine Hütte. Sie befragten mich nach den Eindrücken, die ich während der Meditation erfahren hatte. Dabei waren sie sehr genau, hinterfragten alles und beschrieben oft Details meiner Wahrnehmung, die mir erst durch die Nachfragen bewusst wurden. Anscheinend wussten sie, dass bestimmte Bewusstseinszustände stets mit solchen Wahrnehmungen einhergehen. Fast täglich bekam ich ein neues Meditationsobjekt und mit der Zeit wurde mir ganz klar, dass alles im Universum ein Fluss von Veränderungen ist, dem kein Moment von Beständigkeit innewohnt.

»Dabou denkt, dass du ab morgen über das Nicht-Selbst meditieren solltest«, sagte Pepe eines Abends und mir war klar, dass ich nun einen Schritt weiter war.

»Darüber hatten wir ja schon mal gesprochen«, merkte ich an.

»Ja, und ich denke, dass es dein Verstand schon erkannt hat. Jetzt geht es darum, es zu verinnerlichen.«

Dabou nickte und gab mir seine Unterweisung:

»Im Universum ist alles von allem abhängig. Nichts existiert aus sich selbst heraus, denn alles ist an Voraussetzungen gebunden. Deshalb gibt es kein Selbst.

Ausnahmslos alles unterliegt dem Gesetz der Natur:

> Wenn dieses ist, wird jenes;
> Wenn dieses entsteht, entsteht jenes;
> Wenn dieses nicht ist, wird jenes nicht;
> Wenn dieses vergeht, vergeht jenes.

Auf das Gesetz der Natur war ich schon bei meinem Lesemarathon gestoßen. Ich hatte ihm jedoch keine besondere Beachtung geschenkt.

»Kein Wesen hat eine unsterbliche Seele. Da ist kein unveränderliches Ich oder Selbst in irgendeiner Form. Auch Menschen sind keine neutralen Beobachter der Welt. Du und ich, wir sind Teil des Ganzen. Bedingt entstanden und gleichzeitig Ursache für neues Entstehen. Jede Handlung und jeder Gedanke ist ein unpersönlicher Vorgang, der nach dem Gesetz der Natur vonstattengeht. In unseren Köpfen sitzt niemand, der die Dinge betrachtet und Entscheidungen trifft. Das Selbst ist eine Illusion, die über Jahrtausende entstanden ist und durch permanenten Selbstbetrug aufrechterhalten wird. Fast instinktiv glauben wir an das Selbst und wagen kaum, es infrage zu stellen. Obwohl rationales Denken und wissenschaftliche Erkenntnisse zeigen, dass es kein Selbst geben kann, lassen wir diese Ansicht nicht los und verursachen so das Leiden der Welt.«

Dabou blickte mich prüfend an und nickte.

»Wie soll ich darüber meditieren?«, fragte ich nach einer Weile.

»Wende das Gesetz der Natur an«, antwortete Pepe sofort.

»Betrachte ein Objekt im Geiste und erkenne dessen Voraussetzungen. Nimm ein Tier. Welche Bedingungen müssen bestehen, damit es besteht. Luft, Wasser, Nahrung. Verfolge diese Bedingungen weiter. Wie entstehen Luft, Wasser und Nahrung? Was entsteht und vergeht durch das Tier?«

Ich nickte zustimmend.

»Siehe dich als Teil des Universums. Erkenne, dass jeder Atemzug von dir das gesamte Universum für immer verändert. Du atmest nicht die Luft in diesem Raum. Du atmest die Luft des ganzen Universums. Der Austausch in deinen Lungen ist bedingt und führt einen unendlichen Kausalverlauf weiter. Darüber würde ich meditieren.«

Mittlerweile hatte ich mir angewöhnt, wie die Mönche um vier Uhr aufzuwachen und sofort zu meditieren. Es war die effektivste Zeit. Mein Geist war frisch und ausgeruht. Auch würde ich mit Sicherheit nichts verpassen, denn das knatternde Motorrad des Klosterwarts, mit dem er uns täglich Lebensmittel brachte, war nicht zu überhören. Ich meditierte einfach, bis das Geräusch mich zurückholte. Mal eine Stunde, mal etwas länger.

Trotz aller guten Hinweise der Mönche konnte ich nicht verinnerlichen, dass nichts ein Selbst hat. Oft dachte ich, es verstanden zu haben. Aber die Fragen von Pepe und Dabou zeigten mir täglich, dass es nicht so war. Immer und immer wieder betrachtete ich die

Dinge aus der Sicht eines unabhängigen und aus sich selbst heraus existierenden Menschen. Nach einer guten Woche gab Dabou mir dann eine Unterweisung, die wirklich half:

»Nimm dich ab heute als Meditationsobjekt«, empfahl er.

»Erkenne die Voraussetzungen für deinen Glauben an das Selbst in dir. Dann eliminiere sie ein für alle Mal«, lautete seine knappe Anweisung.

Es dauerte eine Weile, bis ich verstand, worauf er hinauswollte. Dann aber kamen all die Dinge hervor, die mein Selbst ausmachten: Mein Name, mein Beruf, mein Universitätsabschluss, meine Freunde, Bekannten und Verwandte. Mein Auto, meine Kreditkarten und Gegenstände, die mir gehörten. Alles Dinge, die mich an gesellschaftliche Rollen fesselten und von denen ich bisher dachte, dass ich sie tatsächlich bin. Ich vergegenwärtigte mir, dass all diese Dinge vergänglich sind, und sah, dass ich mein bisheriges Leben in einem Gedankengerüst verbracht hatte – in einer Vision ohne Substanz.

Wie von Dabou geraten, eliminierte ich gedanklich alles, mit dem ich mich identifizierte. Im Ergebnis blieb nichts. Keine Persönlichkeit, keine Seele, kein Selbst. Ich schreckte hoch und verließ die Hütte. In mir wütete ein Gemisch aus Angst und Zweifel. Tief in meiner Brust spürte ich eine warme Leere, die mich hin und her riss. Schnell wollte ich zu Pepe, wusste aber, dass er meditierte. *Was ist das?*, fragte ich in mich hinein und versuchte mit kaltem Wasser Beruhigung zu erlangen. Es schien, als hätte ich eine Erkenntnis erlangt, gegen die sich etwas in mir wehrte. Auch wenn ich nicht wusste, wovor ich mich eigentlich fürchtete, wurde die Angst in mir immer stärker. Wie geschockt stand ich an der Wasserstelle und bewegte mich nicht. Zum Glück kam in diesem Moment der Klosterwart den Berg hochgeknattert und brachte mich sofort in meine Hütte zurück. Er wickelte mich in Decken und brachte Tee. Dann war es fünf und die Mönche kamen raus. Eilig brachte der Klosterwart Pepe zu mir und ich erzählte ihm, was passiert war. Während ich sprach, kam auch Dabou dazu und kniete sich neben mich. Nachdem ich alles geschildert hatte, zogen sich die Mönche zurück. Nach einer Weile kamen sie wieder und erklärten:

»Was dir passiert ist, ist ein seltenes, aber gutes Zeichen.« Pepe nahm beruhigend meine Hand.

»Es dauert oft viel, viel länger, um zu erkennen, was du gesehen hast. Das hat mit dem Tod deiner Familie zu tun. Der Tod der von dir geliebten Menschen hat dein Herz sehr weit geöffnet. Du hast einen starken Wunsch in dir, Leben, Tod und das Universum zu verstehen. Heute ist in dir abrupt ein bleibender Eindruck von Nicht-Selbst entstanden. Darauf warst du nicht vorbereitet. Auch wenn du es intellektuell verstanden hast, so bist du doch bis jetzt mit dem Glauben an ein Selbst durch die Welt gezogen. Du hast so hart für dieses Selbst gearbeitet, dir ein Ansehen aufgebaut, Geld angehäuft und immer versucht, die Begierden des Selbst zu befriedigen. Durch Abgeschiedenheit und

Meditation hat sich dein Geist beruhigt und heute zum ersten Mal diese Lüge durchschaut. Du hast erkannt, dass all deine Mühen, dieses Selbst zu befriedigen, im Endeffekt umsonst waren. Denn es gibt da niemanden, der Befriedigung erfahren könnte. Auch ist es in einer Welt, wo sich alles ständig ändert, einfach unmöglich, dauerhafte Befriedigung zu erlangen. Diese Erkenntnis stellt deine ganze Welt auf den Kopf. Es ist daher kein Wunder, dass du geschockt bist.«

Nach Pepes Worten ging es mir schon etwas besser und ich richtete mich auf.

»Soll das heißen, ich habe das Nicht-Selbst jetzt verinnerlicht?«

Dabou gab mir ein väterliches Lächeln und Pepe übersetzte:

»Das wäre wünschenswert. Wir vermuten aber, dass du heute nur den ersten Eindruck einer selbstlosen Existenz erlangt hast.«

Die Mönche standen auf.

»Es wird dir gleich bessergehen. Du bist auf dem richtigen Weg.«

Mit diesen Worten verließen sie die Hütte und kurz darauf hörte ich den allmorgendlichen Gesang aus dem Tempel hallen.

Das Geheimnis von Leben und Tod

Wegen meines kleinen Schocks brauchte ich an diesem Tage die Räume nicht zu fegen. Stattdessen brachte mir Pepe eine nützliche Meditationstechnik bei. Er lehrte mich, Gefühle zu betrachten. Was ich zunächst für unmöglich hielt, entpuppte sich als eine sehr alltagstaugliche Denkweise, für die man nicht wirklich meditieren muss.

»Betrachte die Angst als neutraler Beobachter«, sagte er, während ich mit geschlossenen Augen auf dem Kissen saß.

»Erkenne die Angst als das, was sie wirklich ist. Ein bedingt entstandener Gefühlszustand. Es ist nicht deine Angst. Sie ist nicht dauerhaft und sie kann dich nicht beherrschen. Es gibt kein Selbst, das von Angst beherrscht werden könnte. Sie wird vergehen, wenn ihre Bedingungen nicht mehr vorhanden sind. Schaffe in deinem Geist Gedanken, die die Angst betrachten. Dann verliert die Angst an Kraft, denn der betrachtende Teil des Geistes ist nicht von Angst erfüllt.«

Faszinierend, dachte ich, nachdem ich die Übung ein paar Mal gemacht hatte. Immer schneller gelang es mir, negative Gefühle aufzulösen, indem ich sie neutral betrachtete und ihre Entstehung gedanklich nachvollzog. Ich ging sogar so weit, absichtlich negative Gefühle in mir hervorzurufen, um sie dann aufzulösen. Dazu versetzte ich mich in Prüfungssituationen, wo ich schrecklich nervös gewesen war, oder in den Gerichtssaal, wo ich einmal als Zeuge aussagen musste. Es war ein amüsantes Spiel, bis zu dem Moment, wo ich die Trauer über den Tod meiner Familie auflösen wollte.

Gedanklich versetzte ich mich zurück auf den Friedhof. Ich sah, wie die Särge hinabgelassen wurden und die zwei von mir geliebten Menschen in einem Erdloch verschwanden. Wie die Rosen auf den Holzdeckeln landeten und wie Erde sie bedeckte. Hier scheiterte Pepes Methode. Ich konnte keinen neutralen Gedanken fassen oder irgendetwas auflösen. Meine Tränen tropften aufs Kissen und ich musste an die frische Luft.

Am Abend erzählte ich Pepe und Dabou davon. Sie hörten mir aufmerksam zu und berieten sich. Dann sprach Dabou:

»Wenn Leben und Tod nicht verstanden sind, verhindert Trauer, die Dinge klar zu sehen.«

Am Tonfall seiner Stimme erkannte ich, dass er mir eine wichtige Unterweisung geben wollte.

»Alles im Universum ist ein Fluss von Veränderungen. Es ist ein Energiestrom, ein unpersönlicher Vorgang, der nach dem Gesetz der Natur geschieht. In diesem Fluss gibt es keinen Anfang und kein Ende. Aus der universellen Sicht des Universums gibt es daher kein Leben und auch keinen Tod. Leben und Tod sind im Geist, nirgendwo sonst. Die Sichtweise: meine Geburt, mein Leben und mein Tod lässt uns sterben. Das ist aber die Sichtweise von jemandem, der nicht erkannt hat, dass alle Dinge unbeständig und ohne ein Selbst sind. Wer das Nicht-Selbst verwirklicht hat, erkennt Leben und Tod als das, was sie wirklich sind. Veränderungsprozesse, denen der nicht wissende Geist die Bezeichnungen Leben und Tod gegeben hat. Leben und Tod ist die eingeschränkte Sichtweise vieler Menschen. Aus Sicht des Universums ist es vollkommen gleich, ob ein Energiestrom in Gestalt eines Menschen, als Sonnenlicht oder Sandkorn in der Wüste erscheint.«

Ich musste schlucken. Was Dabou sagte, war die logische Konsequenz aus alldem, was die Mönche mir bisher gezeigt hatten. Dennoch war es schockierend.

»Ist es denn falsch, wenn ich sage, dass jemand stirbt?«

Im Kern verstand ich, was Dabou mir sagen wollte. Ich wollte es aber genau wissen.

»Sterben ist der Prozess vom Eintritt eines zum Tode führenden Ereignisses bis zum Aufhören der inneren Atmung«, definierte Dabou offensichtlich fachkundig.

»Aber dann gibt es ja doch einen Tod.«

»Tod ist die von Menschen geschaffene Bezeichnung für diesen Veränderungsprozess. Ein Kommunikationsmittel. Für die meisten Menschen ist der Tod das Ende des Lebens. In Wahrheit ist auch der Tod nur ein unpersönlicher Kausalablauf, der nach dem Gesetz der Natur stattfindet.«

»Was passiert denn mit uns, wenn wir sterben?«

Dabou hielt inne und beriet sich lange mit seinem Ordensbruder. Ich wurde nervös und fürchtete, eine unpassende Frage gestellt zu haben. Dann aber fragte mich Pepe mit ernster Stimme:

»Möchtest du wirklich wissen, was Sterben bedeutet und was im Tod passiert?«

»Vom Herzen gerne«, antworte ich und blickte Dabou dankend an.

»Du musst wissen, Dabou hat dieses Wissen noch nie jemandem außerhalb des Ordens weitergegeben.«

Instinktiv verbeugte ich mich vor dem ehrwürdigen Mönch.

»Wir sind aber übereingekommen, dass dieses Wissen nicht geheim sein darf. Es ist uns daher eine Ehre, dich einzuweihen.«

»Die Ehre ist ganz auf meiner Seite.«

Fast gleichzeitig rückten wir unsere Kissen zurecht und neigten uns nach vorne. Dann übersetzte mir Pepe nie zuvor gehörte Worte:

»Der Prozess des Todes hat drei Phasen. Sterben, tot sein und Wiedergeburt.«

Als ich Wiedergeburt hörte, ging ich sofort in eine innerliche Abwehrhaltung. Für einen Moment beherrschten Vorurteile mein Denken. Meine Neugierde war aber größer und ich hörte dem weisen Mann unvoreingenommen zu.

»Die Phase des Sterbens kann sehr kurz sein – wie bei dem Unfall, den deine Frau und dein Sohn hatten. Sie kann sich aber auch monatelang hinziehen. Der Prozess, den ich beschreibe, findet aber immer statt. Mal ganz schnell, mal sehr langsam. Es gibt fünf Elemente, die Grundlage für Körper und die gewöhnlichen Bewusstseinszustände sind: Erde, Wasser, Feuer, Luft und Raum. Sie werden durch die Winde der Lebensenergie in inneren Kanälen zusammengehalten.«

Was Dabou sagte, kam mir aus der chinesischen Medizin bekannt vor und ich erinnerte mich vage an die Lebensenergie Qi und die als Meridiane bezeichneten Kanäle.

»Im Sterbeprozess lösen sich die Elemente und die durch sie bedingten Bewusstseinszustände auf. Dieser Prozess geht mit dem Versiegen der inneren Winde einher und findet als äußere und innere Auflösung statt. In den meisten Fällen beginnt der Sterbeprozess mit der Auflösung des Elementes Erde. Da Erde die Grundlage für Fleisch und Knochen ist, sackt der Körper zusammen und wird schwer. Die Wangen fallen ein und die Haut wird weiß. Die das Erd-Element unterstützende Lebensenergie erlischt und im Bewusstsein des Sterbenden entsteht eine schillernde Luftspiegelung.

Durch den Wegfall der Erde tritt das Wasserelement zunächst verstärkt in Erscheinung und versiegt dann. Die Körperflüssigkeiten können nicht mehr zurückgehalten werden und die Gefühle des Sterbenden spielen verrückt. In seinem Bewusstsein wird rauchiger Dampf aufgewirbelt.

Wenn sich dann das Feuer-Element auflöst, verlässt die Wärme den Körper. Meist sind Mund und Nase eingefallen und trocken. Der Atem wird kalt und der Sterbende hat wirre Gedanken. Ihm erscheint eine Vision von Feuerfunken.

Schließlich versiegen auch die das Luft-Element stützenden Lebenswinde. Die Atmung hört auf. Innerlich erfährt der Sterbende jedoch einem gewaltigen Sturm und sieht das Aufflackern eines roten Lichtes. In einem westlichen Krankenhaus würde man ihn zu diesem Zeitpunkt für tot erklären.«

Ich nickte zustimmend, da sich Dabous Schilderungen, mit Ausnahme der Bewusstseinserscheinungen, medizinisch nachvollziehen lassen.

»Das Element des Raumes steht für die Hohlräume des Körpers und die unbegrenzte Leere des Geistes. Daher entschwindet es nicht. Mit der Auflösung des Luft-Elements endet der äußere Prozess. Der innere setzt sich hingegen fort: Er ist das Gegenbild der Verschmelzung von Samen und Eizelle bei der Entstehung des Menschen. Die Zellkerne aus dem Samen des Vaters und dem Ei der Mutter werden durch die Lebensenergie des Hauptkanals getragen. Im Zuge der inneren Auflösung entweicht die Lebensenergie und die beiden Zellkerne kehren zu ihrem Ursprung im Bereich des Herzens zurück. Diesen Vorgang nimmt der Sterbende wie einen weiß und rot durchfluteten Himmel wahr. Der Zellkern der Mutter steigt vom Bereich des Bauchnabels nach oben und löst dabei alle auf Verlangen basierenden Bewusstseinszustände auf. Der Zellkern des Vaters sinkt vom Scheitel des Kopfes nach unten und löst dabei alle von Abneigung geprägten Gedankenmuster auf.«

Ich wurde skeptisch. Hierfür kannte ich keinen wissenschaftlichen Nachweis. Fragend sah ich zu Dabou. Dieser hatte aber offenbar keinerlei Zweifel und fuhr fort:

»Das Bewusstsein besteht jetzt nur noch auf Grundlage der Lebensenergie. Es wird durch die Vereinigung der Zellkerne eingeschlossen. So wird es von Unwissenheit und Verblendung gereinigt. In diesem Moment wird der Sterbende völlig frei von allen Gedanken. Ihm eröffnet sich der Ursprung von allem und er erfährt die Grundlichtheit im wolkenlosen Himmel. Im Zustand der Grundlichtheit ist jedes Leiden beendet. Der Geist haftet an nichts und ist absolut frei. Daher bezeichnen wir diesen Zustand auch als Buddhanatur oder Nirvana. Es ist der Zustand, mit dem wir uns durch Meditation vertraut machen, damit wir ihn im Moment des Todes erkennen und unser Bewusstsein mit ihm vereinen können.«

In meinem Kopf ratterte es wie wild. Ich wusste nicht, was ich davon halten sollte. Dabou aber sprach so überzeugt weiter, als hätte er es selbst schon hundert Mal erfahren.

»Wer sich zu Lebzeiten nicht mit der Grundlichtheit vertraut gemacht hat, wird sie im Tode nicht erkennen. Er wird die Gelegenheit, sich aus dem Kreislauf von Geburt, Alter, Krankheit und Tod zu befreien, daher unerkannt an sich vorüberziehen lassen. Dann wird er in einen Zustand der Bewusstlosigkeit versinken, bis sein Bewusstsein den Körper vollständig verlassen hat. Erscheinungen aus Licht werden entstehen, aber ungeschult wird er sie nicht als die Natur seines Geistes erkennen. Wieder bei Bewusstsein, wird er sich im Zustand des Werdens befinden. Dort wird sein Geist klar und beweglich sein – jedoch ohne jegliche Kontrolle. Sein Karma wird ihn steuern.«

»Karma?«, fragte ich spontan, da mir dieser Begriff schon oft begegnet war, ich ihn aber nie wirklich verstanden hatte.

»Karma beschreibt den natürlichen Zusammenhang von Ursache und Wirkung. Karma ist ein Naturgesetz, denn alle Erscheinungen im Universum hängen von Bedingungen ab und sind gleichzeitig selbst die Bedingung für andere Erscheinungen. Es besagt ganz einfach, dass alles, was wir tun, Folgen hat. Durch unser Denken und Handeln setzen wir Voraussetzungen. Deren Wirkungen zeigen sich manchmal recht schnell. Du beleidigst jemanden und er schlägt dir auf die Nase. Da sind Ursache und Wirkung direkt zu spüren. Das Universum ist jedoch ein unendliches Geflecht von Ursachen und Wirkungen. Meist müssen viele Bedingungen erfüllt sein, damit eine Erscheinung entsteht. Das braucht Zeit und unser Körper stirbt oft, bevor sich die Wirkungen entfalten. Daher erkennen wir viele Zusammenhänge nicht. Der Tod ändert aber nichts daran, dass sich die Wirkungen entfalten werden, wenn die Bedingungen dafür gegeben sind. Wenn wir zu Lebzeiten einen Baum pflanzen, verschwindet dieser nicht, weil wir sterben. Die Handlung des Einpflanzens wirkt weiter. Der Baum ist als materielles Ergebnis unserer Handlung objektiv wahrnehmbar. Jede Handlung hat aber auch einen subjektiven Gehalt. Hinter jedem Tun steckt eine Absicht – also ein Geisteszustand, der jeder Handlung vorausgeht. Auch dieser immaterielle Teil der Handlung entfaltet Wirkungen. Wenn ein Mensch durch ein Messer stirbt, macht es einen gewaltigen Unterschied, ob das Messer von einem Chirurgen oder einem Mörder benutzt wurde. Der Chirurg setzt es mit der Absicht ein, das Leben des Menschen zu retten. Der Mörder mit der Absicht, es zu beenden. In beiden Fällen ist das objektive Ergebnis ein toter Mensch. Die Absicht, mit der das Messer eingesetzt wurde, ist aber eine andere. Die Absicht hinter dieser Handlung entscheidet, wie sich die Angehörigen fühlen und wie ein Richter über den Vorfall entscheiden wird. Der Mörder kommt ins Gefängnis und dem Arzt wird vielleicht gedankt, weil er alles Menschenmögliche versucht hat.

Im Tod funktionieren die Sinnesorgane des Körpers nicht mehr. Die materielle Welt, wie wir sie im Moment wahrnehmen, existiert nicht mehr. Was wir zu Lebzeiten in der physikalischen Welt bewirkt haben, läuft einfach seinen Gang und spielt im Zustand des Todes und des Werdens keine Rolle mehr. Anders die Absicht. Als immaterieller, geistiger Teil unserer Handlungen entfalten Absichten in der Phase des Werdens Wirkungen und bestimmen, welche neue Erscheinungsform wir annehmen werden. Dieser Vorgang wird durch das Karma bestimmt und ist äußerst simpel: Aus Gier oder Hass motivierte Handlungen führen zu von Gier und Hass bestimmten Erscheinungsformen. Aus Liebe und Güte motivierte Handlungen führen zu von Liebe und Güte bestimmten Erscheinungsformen. Welche ist wohl besser?«

Die Mönche kicherten kurz, fuhren dann aber mit ernster Stimme fort:

»Wer nicht erkennt, dass es kein Selbst gibt, handelt sein ganzes Leben in der Absicht, diesem Ego zu dienen. Dadurch sammelt sich ständig selbstbezogenes Karma, sodass es zu einer Wiedergeburt als Wesen mit dem Glauben an ein Selbst kommt.«

»Verstehe ich das also richtig? Wer das Nicht-Selbst verwirklicht hat, produziert kein Karma mehr?«

»So kann man es ausdrücken. Egal ob gutes oder schlechtes Karma. Wenn Karma vorhanden ist, führt dieses zu einer entsprechenden Wiedergeburt.«

Ich nickte verständig. Und füllte die Tassen mit frischem Tee.

»Wenn von Wiedergeburt die Rede ist, entsteht oft die Vorstellung, dass ein Mensch stirbt und seine Seele von einem Körper zum nächsten wandert. Es herrscht die Ansicht, es sei derselbe Mensch in einem anderen Körper. Das ist nicht falsch, aber auch nicht richtig. Die Bewusstseinszustände des Verstorbenen sind die Voraussetzung für das neue Wesen. Insoweit könnte man von Kontinuität sprechen. Trotzdem ist in dem neuen

Wesen keine Substanz des Verstorbenen vorhanden. Es ist lediglich die Wirkung der vom Verstorbenen geschaffenen Bedingungen.«

Fast synchron nippten die Ordensbrüder an ihren Teetassen, bevor Dabou fortfuhr:

»Die geistige Verfassung zu Lebzeiten und während des Sterbens bestimmt die Wiedergeburt. Unsere Absichten sind der Samen für zukünftige Erscheinungen. Aus giftigen Samen werden giftige Pflanzen. Aus selbstsüchtigen Gedanken werden gierige Wesen. Und aus hasserfülltem Denken werden Mörder.

Für Menschen, die mit den Abläufen im Tode nicht vertraut sind, vergehen Grundlichtheit und die darauf folgenden Phasen wie ein Blitz. Sie erlangen meist erst in der Phase des Werdens ihr Bewusstsein wieder. In dieser Phase hat der Geist sich bereits wieder so weit manifestiert, dass die Bewusstseinszustände vom karmischen Gesetz bestimmt werden. Die Samen vergangener Handlungen beginnen zu sprießen und führen zu den ihnen innewohnenden Gefühlszuständen. Die Ansicht von einem Selbst tritt wieder hervor und wird durch alte Gewohnheiten gefestigt. Die so entstandenen Geisteszustände sind nicht die Seele des Verstorbenen, die nun herumgeistert. Wie ein Baum nicht mit dem Samen identisch ist, aus dem er entsteht, entspricht das Bewusstsein auch nicht dem des Verstorbenen. Dennoch sind sie durch das Gesetz von Karma – dem Gesetz von Ursache und Wirkung – verbunden. In der Phase des Werdens reißen karmische Winde das Bewusstsein von einem Zustand in den nächsten. An ein Selbst glaubend und von Gewohnheiten geprägt, sucht der Geist nach vertrauten Erscheinungen. Entsprechend seinen früheren Geisteszustände fühlt er sich vom Daseinsbereich der Menschen, der Tiere, der Halbgötter, der Hungergeister, dem Himmel oder der Hölle angezogen. Jeder Bereich lässt Farben und Bilder erscheinen, von denen sich der Geist mehr oder weniger angezogen fühlt. Es entsteht das Verlangen, einen physischen Körper anzunehmen. Dieses wächst dramatisch und wird schließlich so groß, dass der Geist sich dem Licht eines der Bereiche hingibt. Getrieben von karmischen Winden und angezogen vom Licht verbindet sich der Geist mit dem Mutterleib eines Wesens und wird schließlich wiedergeboren.«

Einen Moment lang schloss Dabou die Augen und ich starrte ihn an. Ich war geschockt und fasziniert zugleich. Sollte ich das wirklich glauben? Dann schlug der Mönch die Augen auf und unsere Blicke trafen sich. Ich hatte das Gefühl, als könnte dieser Mann mein ganzes Leben vor sich sehen. Unbehagen stieg in mir auf und ich wollte gerade meinen Blick von ihm lösen, als er mich am Nacken griff und zu sich zog. Vorsichtig, aber bestimmend drückte er meine Stirn gegen die Seine und murmelte einige Worte, die Pepe nicht übersetzte. Dann ließ er los und ein großes erleichtertes Lächeln überzog sein ganzes Gesicht.

Nachdem die zwei gegangen waren, saß ich eine ganze Zeit lang einfach nur da. Vielleicht erwartete ich insgeheim, dass dem Kontakt mit Dabous Stirn nun etwas Außergewöhnliches folgen würde. Es passierte aber nichts. Trotz der aufregenden Unterweisung konnte ich überraschend gut einschlafen. Gegen drei Uhr schreckte ich jedoch aus dem Schlaf. Der Schrei eines nachtaktiven Tieres hatte meine Ruhe beendet und ich lag hellwach auf meiner Matte. Mit Blick in das Dunkel des Raumes ließ ich Dabous Beschreibung des Sterbeprozesses Schritt für Schritt Revue passieren: *Warum um alles in der Welt kann er all das so detailliert und vor allem ohne jeden Zweifel beschreiben? Woher will er das wissen, wenn er es nicht selbst schon einmal durchlaufen hat?* Meine Gedanken stoppten. Schlagartig begriff ich, dass Dabou mir die Antwort schon gegeben hatte: Die Mönche verinnerlichen das Wissen über den Sterbeprozess so tief, dass es die Lebensenergie prägt. Sie leben so, dass sie als Mensch wiedergeboren werden, und können dadurch das Wissen von einem Leben zum nächsten übertragen.

Ich stand auf und begann mit meiner morgendlichen Meditation. Für vieles, was Dabou gesagt hatte, gab es keine wissenschaftlichen Beweise. Dennoch waren seine Schilderungen aus universeller Sicht schlüssig. Ich wollte es aber genau wissen. Daher fragte ich abends die Mönche:

»Wenn der Mensch doch tot ist. Wo sollen dann die Bewusstseinszustände, welche die neue Erscheinungsform bestimmen, gespeichert sein? Und wie werden diese auf ein neues Wesen übertragen?«

»Ich sehe, du hast dir Gedanken gemacht«, sagte Pepe locker und erklärte:

»Energie hat unendlich viele Erscheinungsformen. Meist denken wir dabei an Wärme, Bewegung oder Strom. Die Lebensenergie kommt uns nicht in den Sinn. Wie jede Form von Energie ist auch die Lebensenergie nichts weiter als eine Frequenz – Schwingungen einer unendlichen Wellenlänge. Durch unser Denken und Handeln verändern wir diese Schwingungen. Gewohnheiten und tiefgreifende Erlebnisse hinterlassen Muster in der Lebensenergie. Die so veränderte Frequentierung bildet den Bewusstseinszustand, der den Körper verlässt, wenn die Zellkerne von Vater und Mutter im Zentralkanal zusammentreffen.«

»Sind in diesem Bewusstseinszustand dann die zentralen Informationen aus meinem vergangenen Leben gespeichert?

»So kann du es dir bildlich vorstellen, ja. Genau genommen aber aller deiner vorherigen Leben. Dieser Zustand der Lebensenergie trägt die Wirkungskraft deiner Absichten in sich. Wenn du so willst, sind es Informationen, die sich aus der Frequentierung der Wellenlängen ablesen lassen. Wie beim Mobilfunk. Die Schwingungen deiner Stimme werden im Handy in Frequenzen umgewandelt, die über Antennen zu einem Empfangsgerät gesendet werden. Die durch deine Stimme geschaffenen Informationen fliegen praktisch durchs Weltall und erreichen seinen Empfänger. Dort angekommen entfalten diese Informationen ihrem Gehalt entsprechende Wirkung. Wenn du etwas Verletzendes gesagt hast, ist dein Gesprächspartner traurig. Wenn du ihn gelobt hast, freut er sich vielleicht. Die Energien von Mobilfunksequenzen sind für uns wahrnehmbar, weil wir technische Mittel dafür entwickelt haben. Andere Energieformen entziehen sich der menschlichen Wahrnehmung. So können wir beispielsweise Magnetfelder oder die Gravitationskraft, die unseren Planeten in seiner Umlaufbahn hält, nicht sehen. Trotzdem hat diese Energie Wirkungen. Die durch Absichten entstandene Frequentierung der Lebensenergie wirkt über den Tod hinaus. Sie ist für Menschen nicht wahrnehmbar, aber ihre Wirkung wird sich entfalten. Sei es im nächsten Leben oder in einem der unzähligen Leben danach.«

Das ist ja ein übles Spiel, dachte ich und mir fielen einige Dinge ein, die mich wirklich geprägt hatten.

»Gute Taten haben gute Wirkungen, schlecht haben schlechte – so einfach ist das.«

»Also werde ich entweder als guter oder als schlechter Mensch wiedergeboren?«, fragte ich, nachdem mir gleich auch noch einige meiner Übeltaten eingefallen waren.

»So einfach ist es leider nicht. Es gibt sehr viele Faktoren, die darüber entscheiden, wie sich die Wirkungen zeigen. Eine Wiedergeburt als Mensch ist eine wahrlich seltene Gelegenheit. Denn als Mensch haben wir die Möglichkeit, unser Verhalten zu steuern. Durch langes Üben können wir die Lebensenergie so beeinflussen, dass es nicht zu einer Wiedergeburt kommt.«

»Und warum sollte jemand das tun? Dann ist man doch ein für allemal weg.«

»Weil Geburt immer Alter, Krankheit und Tod zur Folge hat. Sicherlich hat das Leben schöne Seiten, aber insgesamt gesehen ist es unbefriedigend, bringt Schmerzen und Leid. Denke dabei bitte nicht nur an den Daseinsbereich der Menschen. Möchtest du als Tier wiedergeboren werden? Als Ameise, die ihr Leben lang schuftet und dann an einer Überdosis Insektenspray elendig verreckt? Oder als Muschel, die in den Tiefen des Ozeans für hundert Jahre an einem Felsblock hängt? Wer in seinem Leben viel Hass und Groll aufgestaut hat, der fühlt sich in der Phase des Werdens den Höllenbereichen zugezogen. Dort werden so lange unsagbare Qualen erlitten, bis der Hass seine Wirkung verloren hat. Wer Gier verinnerlichte, wird vom Bereich der Hungergeister angezogen. Dort werden die Wesen von Hunger und Durst gequält, da sie in ihrer Vorexistenz nie genug bekommen konnten. Selbst die Bereiche der Götter und Halbgötter sind letztendlich nicht befreiend. Halbgötter waren im Vorleben sehr eifersüchtig. Nun verwenden sie ihre ganze Energie darauf, Götter zu werden – was ihnen aber nie gelingt. Zum Bereich der Götter fühlt sich hingezogen, wer von Stolz geprägt ist. Götter erfahren ein vorübergehendes Glücksgefühl. Sie erkennen daher nicht, dass dieser Zustand nur durch vorherige Taten bedingt ist und endet, sobald deren Wirkung aufgebraucht wurde.«

Ich nickte skeptisch und Pepe sprach weiter:

»Viele Buddhisten streben daher danach, nicht wiedergeboren zu werden. Wir praktizieren, um kein neues Karma, also keine Veränderungen der Lebensenergie, zu verursachen. So gibt es schließlich auch nichts, was eine Wiedergeburt anstoßen könnte.«

»Und wie wird das gemacht? Ich meine, kein Karma zu produzieren.«

»Indem wir die Ansicht von einem Selbst vollständig aufgeben und uns achtsam verhalten. Handlungen, die aus einem Bewusstseinszustand des Nicht-Selbst heraus vorgenommen werden, fehlt die Absicht. Und ohne Absicht entsteht kein Karma. Um den Zustand des Nicht-Selbst zu haben, ist eine entsprechende Lebensführung notwendig. Daher töten, stehlen und lügen wir nicht. Wir wandeln nicht in Sinneslüsten und nehmen keine berauschenden Mittel zu uns. Andere Buddhisten praktizieren bewusst auf die Wiedergeburt in einem bestimmten Daseinsbereich hin, um so das Leid anderer Wesen lindern zu können. Daher ist es immer von Vorteil, sich auf den Tod vorzubereiten.«

Als ich das hörte, senkte sich mein Kopf wie von selbst.

»Meine Familie war nicht vorbereitet«, sagte ich mit leiser Stimme.

Die Mönche schwiegen. Unwillkürlich stiegen in mir Bilder von geschlachteten Tieren und in Slums verendeter Kinder auf.

»Wo ist meine Familie jetzt?«, fragte ich bedächtig und sah die zwei Mönche Hilfe suchend an. Sie schwiegen lange. Dann baten sie mich, mit ihnen zu meditieren. Wir setzten uns nebeneinander, und während mein Geist dem ruhigen Atem der Mönche folgte, wurde mir klar, was Leben und Tod wirklich sind: ein Bewusstseinsstrom in der Unendlichkeit des Universums.

Was das Universum wirklich ist

Mittlerweile waren fünf Wochen vergangen und mir mangelte es langsam an Unterrichtsstoff für die Mönche. Auf so viel Engagement war ich nicht vorbereitet gewesen. Mit Leichtigkeit hatten die jungen Männer die Fachbezeichnungen der meisten Körperteile auswendig gelernt. Sie konnten neuronale Zusammenhänge erklären, wussten, wie die Organe funktionieren und welche Schritte eine Krankheitsdiagnose umfasst. Ich entschloss mich daher, in der letzten Woche über die Auswirkungen der Psyche auf den Körper zu referieren. Interessanterweise waren mir die Mönche bei diesem Thema weit überlegen. Ich fragte mich, woher dieses Wissen kam. In der Pause erklärte mir Pepe dann, dass der Buddhismus auch eine psychologische Seite habe und dass es sehr umfangreiche Erkenntnisse dazu gebe. Daher stellte ich den Unterricht spontan um und wir verglichen moderne Erkenntnisse mit den vor mehr als 2.600 Jahren vom Ur-Buddha gewonnenen. Die Übereinstimmungen waren verblüffend. Natürlich hatten sich die Begriffe und Verfahren geändert, aber im Kern hatte Siddharta Gautama schon damals fast den Kenntnisstand von heute gehabt.

Abends saß ich mit Pepe und Dabou wieder in meiner Hütte.

»Wir haben dir heute etwas Besonderes mitgebracht«, sagte Pepe übertrieben laut. Mit einer geübten Bewegung zog er einen grauen Notizblock aus dem Ärmel seiner Robe und legte ihn vor mir auf den Tisch.

»Was ist daran besonders?«, fragte ich mit Blick auf das weiße Papier.

»Nun, es ist der letzte Block, den wir hier im Bergkloster noch haben«, antwortete Pepe locker.

»Er ist für die richtigen Fragen.«

»Was sind denn die richtigen Fragen?«

»Du hast die Unbeständigkeit in allem erkannt und siehst, dass nichts aus sich selbst heraus existiert. Du hast den Kreislauf von Leben und Tod erkannt. Du bist Teil des Universums. Das ist dein Blickwinkel. Nutze dieses Wissen nun, um die richtigen Fragen zu stellen. Dann wirst du erkennen, was das Universum wirklich ist.«

Leichtfüßig standen die alten Herren auf.

»Oh, hier ist noch der Stift. Wir gehen heute etwas früher schlafen.«

Behutsam legte Pepe einen Bleistiftstummel auf den Block und grinste dabei, als hätte er mir grade ein besonderes Geschenk gemacht.

Beim Blick auf das leere Blatt wurde mir klar, dass in diesem Bergkloster ein neues Kapitel meines Lebens angefangen hatte. Ich ließ die Zeit seit dem Unfall Revue passieren: Der Schock und die Beerdigung. Trauer, Frust und der Entschluss, nach Thailand zu fliegen. Jetzt war ich hier, unterrichtete Mönche und bekam Belehrungen von ihnen. Ich fegte ihre Räume und verbrachte mehr als zwei Stunden am Tag im Zustand der Meditation. Aber was wollte ich wirklich? Rückblickend denke ich, dass alles eine Form der Trauerbewältigung war. Die Erkenntnisse, die ich dabei erlangt habe, gehen jedoch weiter, als ich je gedacht hätte.

Was ist das Universum? Sorgfältig schrieb ich die Frage auf den Zettel und legte mich schlafen. Dieses Mal war es gegen zwei Uhr, als ein störendes Geräusch mich aufweckte. Irgendein Tier nagte an den Holzpfählen meiner Hütte. Ich bollerte dreimal kräftig auf den Boden. Dann war Ruhe. Aber einschlafen konnte ich nicht mehr. Ich lag auf meiner Reisigmatte und gab mich meinen Gedanken hin. *Wie vermessen von mir, das Rätsel des Universums lösen zu wollen. Ich habe erkannt, was Leben und Tod sind, was will ich denn mehr?* Ich drehte mich zur Seite und döste weg. Auf einmal schreckte ich hoch. Hellwach und ohne meine rückenschonende Aufstehweise zu beachten, schnappte ich mir den Block und schrieb:

Das Universum ist etwas Unbeständiges.
Das Universum hat keinen Anfang und kein Ende.
Das Universum umfasst alles.
Das Universum unterliegt nicht den Konzepten von Zeit und Raum.

Alles im Universum entsteht und vergeht in Abhängigkeit von Bedingungen. Daher existiert nichts aus sich selbst heraus.

Ich erinnerte mich an Pepes kleine Metallkugel und mir wurde wieder klar, dass es keinen Sinn machte, den Anfang des Universums zu suchen. Die Unterweisungen der Mönche wirkten in mir.

Plötzlich wusste ich genau, wonach ich suchen musste, und schrieb:

Ich suche etwas Unveränderliches.
Ich suche etwas ohne Anfang und ohne Ende.
Ich suche etwas zeit- und raumloses.
Ich suche etwas Allumfassendes.
Ich suche etwas, das aus sich selbst heraus existiert.

Aufgeregt und erschöpft zugleich legte ich den Stift zur Seite und las, was ich geschrieben hatte.

Richtig, dachte ich. *Aber was hat diese Eigenschaften?*

Am nächsten Morgen stand ich erst auf, als der Klosterwart mir das Frühstück brachte. Weder mein Wecker noch das Motorengeräusch hatten mich aus dem Schlaf holen können. Auf dem Tisch lagen meine Notizen. Bei Obst und Reis las ich das Geschriebene wieder und wieder. Nachdem der morgendliche Gesang verstummt war, ging ich zu Pepe und präsentierte ihm den Block.

»So ist es«, kommentierte er kurz und wandte sich sofort wieder seiner Arbeit zu.

»Aber was kann das sein?«, fragte ich in der Hoffnung, den entscheidenden Hinweis zu bekommen.

»Wie Dabou sagte, für uns Mönche ist diese Frage nicht wichtig. Meditiere. Konzentriere deinen Geist auf nichts anderes. Das kann helfen.«

Etwas enttäuscht zog ich von dannen und fegte den Boden.

Er hat seine Prinzipien, dachte ich, während der vor mir schwingende Besen seine Arbeit schon fast von selbst erledigte. Ich folgte Pepes Rat und widmete mich voll und ganz diesen Fragen.

Langsam näherte sich unser Aufenthalt seinem Ende und die Mönche begannen, eine Abschlusszeremonie vorzubereiten. Daher kamen Pepe und Dabou nicht mehr wie gewohnt zu mir. Ich nutzte diese Zeit, um nachzudenken und mich auf die Fragen zu konzentrieren. Einen Tag vor der Abreise erkannte ich dann, was das Universum wirklich ist.

Ich hatte gerade mit meiner morgendlichen Meditation begonnen, als ich folgende Erkenntnis gewann:

Es ist der geistige Gehalt des Gesetzes der Natur, auf den alle Beschreibungen des Universums zutreffen.

Wenn dieses ist, wird jenes;
Wenn dieses entsteht, entsteht jenes;
Wenn dieses nicht ist, wird jenes nicht;
Wenn dieses vergeht, vergeht jenes.

Das Gesetz der Natur ist in zeitlicher und räumlicher Hinsicht unendlich. Es ist Ausdruck absoluter Wahrheit und herrscht in allen Erscheinungen des Universums. Sein geistiger Gehalt wohnt jedem Geschehen inne – biologisch, chemisch, physikalisch, psychisch, metaphysisch oder wie auch immer geartet. Auch besteht der Geist des Gesetzes der Natur aus sich selbst heraus. Er bedarf keines Schöpfers oder Betrachters, um Gültigkeit zu erlangen. Er ist nie erfunden oder geschaffen worden. Sein Bestand ist an keine Bedingung geknüpft. Er ist unvergänglich und unveränderlich.

Das Universum ist daher der geistige Gehalt des Gesetzes der Natur.

Eigentlich hätte mich diese Erkenntnis in einen Freudentaumel versetzen müssen. Mein Geist blieb jedoch unberührt und ich erkannte mehr:

Die treibende Kraft hinter allen Veränderungen im Universum ist die dem Geiste des Gesetzes der Natur innewohnende Energie. Der Geist selbst ist diese Energie. Es ist seine natürliche Eigenschaft. So wie es die Eigenschaft von Feuer ist, zu brennen, ist es die Eigenschaft des Gesetzes der Natur, Wirkung zu entfalten. Das ganze Universum besteht daher aus den verschiedensten Erscheinungsformen der Energie des geistigen Gehaltes des Gesetzes der Natur.

Schlagartig öffnete ich die Augen. Meine Ruhe war vorbei. Auf allen Vieren kroch ich zum Tisch. Aufgeregt kritzelte ich meine Erkenntnisse auf den Notizblock und hielt inne.

»Das ist es!«, sagte ich laut in den Raum.

»Das ist die Lösung!«

Ich lief raus und übergoss mich mit kaltem Wasser, als wäre es Champagner. Da die Mönche noch meditierten, ging ich zurück in die Hütte. Aufgewühlt betrachtete ich die Notizen und begann sofort, mich selbstkritisch und realitätsbezogen mit meiner Erkenntnis auseinanderzusetzen. Ich schrieb:

Erkenntnis:

Das Universum ist der geistige Gehalt des Gesetzes der Natur.

Selbstkritische Fragen zur Erkenntnis

Frage: Gibt es wirklich so etwas wie einen geistigen Gehalt?

Antwort: Urheberrechte, Marken und Gesetze beweisen, dass es geistige Gehalte gibt. Wer ein Buch erwirbt, kauft bedrucktes Papier und zahlt gleichzeitig eine Lizenzgebühr für die Nutzung von dessen geistigem Gehalt. Wenn wir ein Buch spannend finden, ist es dessen geistiger Gehalt, der in uns wirkt, indem er Gefühle hervorruft – nicht der Toner auf den Seiten. Ähnlich ist es bei Marken. Sie vermitteln ein Image, also eine bestimmte Vorstellung über Unternehmen und deren Produkte. Bei Markenprodukten bezahlen wir für die Sache und für den mit der Marke verbundenen geistigen Gehalt. Unabhängig vom Nutzen des Produktes fühlen wir uns gut, weil wir die Sache einer bestimmten Marke besitzen. Im Wirtschaftsleben werden Urheber- und Markenrechte als immaterielle Vermögensgegenstände bezeichnet und können von ganz erheblichem Wert sein.

Auch die Gesetze unserer Regierung haben einen geistigen Gehalt. Durch abstrakt und generell formulierte Worte beeinflussen sie unser Denken und Handeln. Wie bei Büchern ist es auch hier nicht das bedruckte Papier, das auf uns wirkt. Es ist der geistige Gehalt der Gesetze. Das Gesetz der Natur ist die höchste Stufe der Abstraktheit und Generalität. Es ist die Mutter aller Natur- und der von Menschen gemachten Gesetze. Im Gegensatz zu den Naturgesetzen wohnt den von Menschen gemachten Gesetzen das Element des Willens inne. Sie werden aufgrund eines Willensbildungsprozesses im Parlament oder anderen Gremien verabschiedet. Auch ist es eine Willensentscheidung, Gesetze zu befolgen oder nicht. Der Willensbildungsprozess unterliegt wiederum den Naturgesetzen und dem Gesetz der Natur. Naturgesetzen wohnt kein menschliches Willenselement inne. Sie laufen einfach ab. Vom Gesetz der Natur unterscheiden sie sich insofern, als dass sie sich nur auf bestimmte Veränderungsprozesse im Universum beziehen. Das Gesetz der Natur ist jedoch universell und sein geistiger Gehalt wohnt allem inne.

Frage: Entsteht der geistige Gehalt nicht durch den Menschen?

Antwort: Wenn wir einen Roman lesen, könnten wir geneigt sein zu sagen, dass der Autor diesem einen geistigen Gehalt eingehaucht hat. Andersherum behaupten wir von uns, den geistigen Gehalt eines Textes erkannt – ihn also verstanden zu haben. Wir könnten daher behaupten, nur der Mensch gebe den Dingen einen geistigen Gehalt.

Bei genauer Betrachtung erkennen wir jedoch, dass es keines Menschen bedarf, damit geistiger Gehalt vorhanden ist. Niemand stellt infrage, dass Zahlen unendlich sind. Obwohl wir diese Tatsache mit unseren Sinnesorganen nicht wahrnehmen können, hat unser Geist die Fähigkeit zu begreifen, dass Zahlen endlos fortgesetzt werden können. Die Tatsache der Unendlichkeit ist der geistige Gehalt des Zahlensystems. Daran würde sich auch nichts ändern, wenn es keine Menschen mehr geben würde.

Es ist nicht der Mensch, der den Dingen einen geistigen Gehalt gibt. Denn unser Körper und unsere Gedanken sind nichts weiter als ein bedingter Prozess, der nach den Regeln des Gesetzes der Natur abläuft. Das Erkennen des geistigen Gehaltes eines Romans oder des Zahlensystems ist ein bedingt entstandener Geisteszustand eines bedingt entstandenen Körpers. Unpersönlich, unbeständig und nicht aus sich selbst heraus existent. Unsere Gedanken sind das Ergebnis eines Prozesses, der nach dem geistigen Gehalt des Gesetzes der Natur abläuft. Nicht die Ursache für die Existenz des geistigen Gehaltes.

Frage: Wie soll der geistige Gehalt aus sich selbst heraus Energie haben?

Ich wollte gerade anfangen, diese Frage zu beantworten, da hörte ich draußen die Mönche. Schnell lief ich zu Pepe.

»Ich hab's herausgefunden!«, rief ich ihm vom Eingang meiner Hütte entgegen.

»Nicht so laut, es ist noch früh«, bekam ich zu hören.

»Du wirst es nicht glauben, aber ...«

Pepe unterbrach mich und berührte sanft meinen Arm.

»Ich weiß, dass diese Sache für Menschen im Westen von großem Interesse ist. Ich werde aber nun bei der Abschlusszeremonie gebraucht. Entschuldige mich daher bitte.«

Ich konnte es einfach nicht glauben, dass sich Pepe nicht einmal ein paar Minuten Zeit nahm, um die Lösung eines der größten Rätsel der Menschheit zu erfahren. Später erfuhr ich, dass er absichtlich desinteressiert getan hatte, um meine Gedankengänge nicht zu stören.

Die Frage, wie der geistige Gehalt des Gesetzes der Natur Energie produzieren könnte, beschäftigte mich den ganzen Morgen. Dann kam mir die Idee, diese Frage zum Thema meiner Unterrichtsstunde zu machen. Die Diskussion darüber löste meine Denkblockade auf. Ich hatte zu sehr in physikalischen Kategorien gedacht und nach einer Energiequelle, also wieder einmal nach einem Anfang gesucht. Dank der Mönchsbrüder erkannte ich, dass auch die Energie des Geistes ein unendlicher Prozess ist. Sie konnte daher weder Anfang noch Ende haben, auch musste sie dieselben Eigenschaften wie das Universum besitzen. Schließlich kam ich zu folgender Erkenntnis und schrieb:

Antwort: Das Wort Energie kommt aus dem altgriechischen und bedeutet Wirken. Wenn im Alltag von Energie die Rede ist, wird nur auf dessen Erscheinungsformen Bezug genommen. Wir verbrennen Benzin, um uns fortzubewegen, und drehen die Heizung an, wenn es kalt ist. Mit Hilfe von mathematischen Formeln können wir die Erscheinungsformen von Energie berechnen und drücken sie in Maßeinheiten aus. So entsteht der Eindruck, Energie wäre etwas Greifbares, das verbraucht würde. Das ist sie aber nicht!

Obwohl Energie eine so wichtige Rolle in unserem Leben spielt, gibt es dafür keine wissenschaftliche Definition. Es kann auch keine geben. Denn Energie ist ein zeitloser, unendlicher Veränderungsprozess. Energie ist Wirkung – die Wirkung des Gesetzes der Natur. Daher bezeichnen wir die Erscheinungen im Universum auch treffenderweise als *WIRK-LICHKEIT*. Jede Wirkung im Universum folgt dem Gesetz der Natur. Dessen geistiger Gehalt zeigt, dass unendlich viele Wirkungen möglich sind.

Durch die Erkenntnis, dass Energie nichts weiter als die Wirkung des Gesetzes der Natur ist, wird deutlich, dass der Geist des Gesetzes der Natur aus sich selbst heraus unendlich viele Wirkungen haben kann und damit die *Energiequelle* von allem ist.

Frage: Was ist der Anstoß für die unterschiedlichen Erscheinungsformen von Energie? Warum ist Energie so, wie sie uns erscheint? Als Licht, Wasser oder Metall. Als Wolke, Mensch oder als Stern am Himmel. Warum entstehen aus dem geistigen Gehalt des Gesetzes der Natur überhaupt die vielfältigen Erscheinungsformen im Universum?

Antwort: Die Antwort hierfür ist das Gesetz der Polarität. Dieses besagt, dass alles im Universum zwei Pole hat und auch braucht, um zu erscheinen. Licht und Schatten, Gut und Böse, Plus und Minus. Jede Erscheinung bedingt ihren Gegensatz. Das Gesetz der Natur gilt ausnahmslos für alles. Daher wohnt ihm das Spannungsfeld der Gegensätze inne. Wie wir an allen Erscheinungen der Natur erkennen können, suchen Gegensätze immer nach Ausgleich. Wie in einem Magnetfeld ist auch die Spannung im Geiste nur insgesamt ausgeglichen. Innerhalb des Spannungsfeldes überwiegen jedoch mal positive, mal negative Teile. Sie gleichen sich aus oder wechseln die Polung. Dieser Vorgang findet überall im Universum statt. Innerhalb der kleinsten Teilchen und zwischen den Planeten. So kommen aufgrund des universellen Gesetzes der Polarität Veränderungen zustande und führen zu den unterschiedlichsten Erscheinungen.

Die Polarität können wir sogar am eigenen Körper nachvollziehen. Jedes menschliche Bedürfnis ist auf ein Spannungsfeld von Gegensätzen zurückzuführen. Wir entfalten nur dann Aktivitäten, wenn wir einen bestehenden Zustand verändern wollen. Wären all unsere Bedürfnisse abschließend befriedigt, würden wir nichts verändern. Da aber Polarität in uns herrscht, handeln wir und entfalten Wirkungen, die unsere Bedürfnisse befriedigen sollen.

Mittlerweile war der Bleistift stumpfgeschrieben und ich legte meine Notizen zur Seite. Im Bergdorf war die Aufbruchstimmung nun deutlich spürbar.

Sachen wurden hin und her getragen und einige Mönche reinigten den kleinen Tempel nochmals intensiv. Trotz der bevorstehenden Abreise kamen Pepe und Dabou am Abend noch einmal zu mir.

»Hast du gefunden, wonach du gesucht hast?«, fragte Pepe förmlich und grinste wohl wissend.

»Das habe ich und ich möchte mich nochmals in aller Form bei Dabou und bei dir bedanken. Ohne eure Unterstützung hätte ich die Antworten nie gefunden.«

Ich setzte mich aufrecht und beschrieb meine Erkenntnisse. Nachdem ich fertig war, berieten sich die beiden Mönche und ich wartete gespannt auf einen Kommentar. Dann lächelte mich Pepe aus tiefstem Herzen an und sagte:

»Das Universum ist also der geistige Gehalt des Gesetzes der Natur. Das ist gut. Und Erscheinungen entstehen durch Polarität. Etwa so wie bei dem Glauben an Mein und Dein?«

Pepe fing freudig an zu lachen und riss mich mit. Auch Dabou schien zufrieden und streckte mir die Arme entgegen.

Ich fühlte mich befreit und trotz der aufregenden Erkenntnis innerlich beruhigt. Als die zwei gegangen waren, räumte ich den Tisch ab. Dabei fiel mein Blick auf einen kleinen grauen Zettel: Grundlichtheit!?

Ich erkannte Pepes Handschrift und fasste mir an den Kopf. *Natürlich!*

Die Notiz vereinte all meine bisherigen Erkenntnisse: *Mein und Dein hat Pepe gesagt. Das ist die Sichtweise von einem Selbst. Das ist Polarität und damit die treibende Kraft für alle Erscheinungen im Universum. Wenn man diese Sichtweise aufgibt, kommen keine Erscheinungen mehr und dann ...*

Ich hielt inne und schmunzelte.

Dann sieht man das Universum im Ruhezustand. Dann gibt es keine Wirkungen, die einem den Blick verstellen, und es ist wie im Augenblick des Todes. Das Bewusstsein wird eins mit dem Geist des Gesetzes der Natur – eins mit dem gesamten Universum. Diesen Zustand nennen die Mönche Nirvana oder Grundlichtheit.

Auseinandersetzung mit der Erkenntnis

Wieder unversehrt in Bangkok angekommen, entschied ich mich für dasselbe Hotel. Der Portier erkannte mich sofort und fragte nach meinen Koffern.

»Ich reise leicht«, sagte ich wohlgelaunt, schnappte mir den Schlüssel und ging meinem lang ersehnten Bad entgegen. Hätte ich mich nicht sechs Wochen lang mit kaltem Wasser aus einem Holzeimer duschen müssen, wäre mir wohl nie bewusst geworden, wie wohltuend ein warmes Schaumbad sein kann. Die noch verbliebenen Moskitostiche und das leichte Zerren im Rücken flossen dahin. Eingehüllt in eine wohlriechende Schaumkrone betrachtete ich die Zeit mit den Mönchen. Sie hatten mir so viel gegeben und mich zur Erkenntnis von allem geführt. Ich war so dankbar und spürte ein tiefes Verlangen, diese wertvollen Erkenntnisse anderen zugänglich zu machen. Daher entschloss ich mich, dieses Buch zu schreiben.

Für mein erstes richtiges Abendessen nach sechs Wochen suchte ich mir ein deutsches Restaurant. Grillplatte mit Kartoffelpüree und Weizenbier. Lecker! Vollgegessen und zufrieden fiel ich ins Bett und schlief so lange, dass ich gerade noch die Reste vom Frühstücksbuffet einsammeln konnte. Eigentlich wollte ich mir eine Auszeit gönnen und ein paar Tage nicht zum Tempel gehen. Als ich aber auf eine Reihe junger Mönche traf, die gerade ihren Almosengang machten, änderte ich meine Meinung. Also kaufte ich frisches Gemüse und ging zum Tempel. Pepe empfing mich freudestrahlend. Er machte den Eindruck, gerade von einem Erholungsurlaub zurückgekehrt zu sein. Wir schlenderten über den Innenhof und ich bemerkte, wie eine Gruppe junger Mönche mich anstarrte.

»Du bist jetzt bekannt wie ein bunter Hund«, sagte Pepe, als ich ihn fragend ansah.

»Ist das gut oder schlecht?«, fragte ich scherzhaft und winkte den Brüdern zu.

Pepe führte mich ins Innere des Tempels und wir setzten uns auf eine der Holzbänke.

»Ich würde meine Erkenntnisse gerne schriftlich festhalten.«

Pepe nickte verständig.

»Durch euch habe ich so viel gelernt. Das möchte ich mit anderen teilen.«

»Ein Buch?«

»Ja, ein Buch.«

»Das hört sich gut an. Du handelst mit guten Absichten und vielleicht hilft es sogar dem einen oder anderen, zufriedener zu werden.«

Bereits am nächsten Tag legte ich los. Ich schrieb, nahm Rücksprache mit Pepe, korrigierte und schrieb weiter. Da wir alles auf Englisch besprachen, merkten wir immer wieder, wie ungenau Sprache sein kann. Zum Glück kam es Pepe nicht auf die Genauigkeit der Worte an, sondern dass sie den Kern der Gedanken vermitteln konnten.

Beim Schreiben wurde mir immer bewusster, dass meine Erkenntnisse inhaltlich schon in den buddhistischen Lehren enthalten sind. Nach meiner Kenntnis wurde jedoch noch nie so klar zum Ausdruck gebracht, was das Universum wirklich ist. Das mag daran liegen, dass diese Frage für Buddhisten keine Bedeutung hat. Denn für sie ist ohnehin klar, dass das Universum keinen Anfang und kein Ende hat. Im Westen hingegen ist diese Erkenntnis bisher verborgen geblieben, weil alles aus einem Selbst heraus betrachtet wird und daher nur nach dem Anfang des Universums gesucht wurde. Aus einer universellen Sichtweise wird jedoch erkennbar, dass das Universum die Energie, also die Wirkung des geistigen Gehaltes des Gesetzes der Natur ist. Diese Erkenntnis ist auch mit allen bisherigen Theorien über das Universum vereinbar.

Vereinbarkeit mit der Urknalltheorie

Die Urknalltheorie ist das bekannteste Modell für unser Universum. Sie besagt, dass vor etwa 13,8 Milliarden Jahren Materie, Raum und Zeit aus einer ursprünglichen Singularität entstanden sind und sich seitdem ausdehnen. Sie ist eine zeitliche Rückrechnung des Universums, die nur den Bruchteil einer Sekunde vor der Entstehung unseres Universums endet. Ab diesem Zeitpunkt funktionieren die uns bekannten mathematischen und physikalischen Formeln nicht mehr. Daher beschreibt die Urknalltheorie den Veränderungsprozess des Universums seit diesem Zeitpunkt. Sie gibt keine Antwort darauf, wie das Universum entstanden ist und was die in ihm stattfindenden Veränderungsprozesse in Gang gesetzt hat. Das Modell definiert den Urknall als einen Zustand unendlicher Energiedichte und beschreibt, wie sich nach den ersten 300.000 Jahren verschiedene Erscheinungsformen von Energie entwickelt haben.

Damit bestätigt die Urknalltheorie meine Erkenntnisse, denn ihre Formeln beschreiben das Universum als Veränderungsprozess von Energie. Auch besagt sie, dass vor dem Urknall unendlich verdichtete Energie vorhanden war, und bringt damit die unendliche Wirkungskraft des Gesetzes der Natur zum Ausdruck.

Der Zustand vor dem Urknall wird sehr treffend als Singularität – also als das Gegenteil von Polarität – bezeichnet. Das bestätigt die Erkenntnis, dass erst durch Polarität Wirkungen (Energie) entstehen und dass alle Erscheinungen im Universum darauf zurückzuführen sind. Singularität ist der unveränderte Zustand des Geistes des Gesetzes der Natur. Die Formeln der Urknalltheorie berechnen aber Wirkungen. Deshalb können sie einen Zustand ohne Veränderungen, wie er unmittelbar zum Zeitpunkt des Urknalls herrschte, nicht beschreiben. Das Gesetz der Natur ist auch im Zustand der Singularität gültig. Sein geistiger Gehalt bleibt wahr und bestätigt so die bedingungslose Wirkungskraft des Gesetzes der Natur aus sich selbst heraus.

Die Bang@Zero Theorie

Die Urknalltheorie sucht einen Anfang des Universums, den es nicht gibt. Sie ist populär, weil ihre Formeln das uns wohlvertraute Schema von Leben und Tod zum Ausdruck bringen. Obwohl die Theorie das Universum als Veränderungsprozess beschreibt, verkennt sie, dass es ein unendlicher Prozess ohne Anfang und ohne Ende ist. Es scheint durchaus schlüssig, dass es die als Urknall bezeichnete Energieform gegeben hat. Sie ist aber kein Anfang. Sie ist lediglich die erste für Menschen wahrnehmbare Erscheinung des Geistes des Gesetzes der Natur. Das macht die Urknalltheorie nicht falsch. Das für uns wahrnehmbare Universum wird sich wohl so entwickelt haben, wie es bisher erforscht wurde. Im Daseinsbereich der Menschen sind unsere Wahrnehmungsmöglichkeiten jedoch begrenzt. Sie beschränken sich auf Sinnesorgane, technische Hilfsmittel und Berechnungen. Damit können wir nur bestimmte Erscheinungsformen von Energie wahrnehmen.

Die Erscheinungsformen aus dem Gesetz der Natur sind jedoch unendlich vielfältig. Um den von uns wahrnehmbaren Teil begreifen zu können, kategorisieren wir Erscheinungen und sortieren sie der Größe nach. Dabei sehen wir das alles umfassende Universum als die höchste Kategorie an. Das Universum ist jedoch ein Prozess untrennbar verbundener Wirkungen, bei dem menschliche Kategorien und Größenvorstellungen irrelevant sind. Aus universeller Sicht liegt daher der Schluss nahe, dass auch das Universum in seiner Gesamtheit nur eine Frequentierung von Energie ist. Eine unendliche Welle, dessen Nullpunkt der Urknall ist. Daher nenne ich diese Theorie: Bang@Zero.

Die Annahme, dass das Universum, als Einheit betrachtet, eine Frequenz von Wirkungen ist, wird durch mathematische Erkenntnisse gestützt. So ist der Gehalt von Mengen unabhängig davon, was gezählt wird. Ob 100 Atome oder 100 Planeten. Der mathematisch geistige Gehalt bleibt 100. Ebenso ist der geistige Gehalt des Gesetzes der Natur die Wirkung (Energie). Dabei spielt es keine Rolle, welche Gestalt, Größenordnung oder Bezeichnung eine Wirkung hat. Universell gesehen ist es dasselbe, ob ein Neutron oder ein ganzes Universum die Wirkung ist. Es bleibt eine Wirkung, die sich wiederholt, ihren Nullpunkt in Gestalt eines Urknalls erreicht und weiter wirkt, bis ihre Ursachen nicht mehr gegeben sind. Bang@Zero ist der große *Knall*, beim Wiederaufleben der Energie nach dem Nullpunkt. In dieser Phase sind die Veränderungsprozesse proportional gesehen am stärksten, was auch erklärt, warum sich das Universum unmittelbar nach dem Urknall so rasant ausgebreitet hat.

Vereinbarkeit mit der Stringtheorie

Die Modelle der Stringtheorie besagen, dass alles im Universum aus vibrierenden eindimensionalen Objekten (den Strings) besteht. Strings können jede beliebige Form annehmen und bilden so die Welt, wie wir sie erleben. Die Frequenzen ihrer Schwingungen sind dabei unendlich und stellen nach der Lehre der Quantenmechanik Energie dar. Es wird davon ausgegangen, dass es offene und geschlossene Strings gibt, die in Wechselwirkung zueinander stehen.

Damit steht auch die Stringtheorie mit meinen Erkenntnissen im Einklang. Denn sie beschreibt die mit physikalischen und mathematischen Formeln ermittelbaren Erscheinungen des geistigen Gehaltes des Gesetzes der Natur. Durch die Unendlichkeit der Schwingungsfrequenzen bestätigen die Modelle, dass es unendliche Erscheinungsformen von Energie gibt. Die Stringtheorie besagt auch, dass verschiedenartige Strings in einem Spannungsverhältnis zueinander stehen und so Wechselwirkungen entfalten. Das entspricht dem Spannungsfeld im Geiste des Gesetzes der Natur, also der Polarität, die Antrieb für alle Erscheinungsformen im Universum ist.

Die Stringtheorie ist im Kern naturwissenschaftlich, da sie mit Mitteln der Mathematik und Physik versucht, den kleinsten Baustein der materiellen Welt zu beschreiben. Es ist noch nicht gelungen, die Existenz von Strings nachzuweisen, und Wissenschaftler bezweifeln, dass dieses je gelingen wird. Selbst wenn dies gelingen sollte, schließt sich unweigerlich die Frage an, woraus denn Strings bestehen und woher sie kommen. Daher kann auch die Stringtheorie letztendlich nicht von Erfolg sein, denn sie ist auf der Suche nach etwas, was es nicht geben kann: das erste Teilchen im Universum.

Wer sich klar vor Augen führt, dass Materie Energie ist und Energie Wirkung bedeutet, wird erkennen, dass alle Wissenschaften im Kern dasselbe sind: Die Erforschung der Wirkungen des Gesetzes der Natur. Universell betrachtet wird deutlich, dass jede naturwissenschaftlich erkennbare Erscheinung einen Geisteszustand als Bedingung hat. Dieses können wir durch Betrachtung der Umwelt selbst erfahren: Es ist nicht möglich, ein Auto zu konstruieren, ohne dessen Teile vorher im Geiste entwickelt zu haben. Dem Gesetz der Natur und den Naturgesetzen folgend kombinieren wir Rohstoffe und formen sie zu einem PKW. Abstrakt gesprochen hat Energie durch unsere geistige Tätigkeit eine neue Gestalt bekommen. Auf die gleiche Weise entsteht jede andere Form von Energie bzw. Materie. Der Unterschied liegt jedoch darin, dass unsere Schöpfungskraft in der Daseinsform des Menschen begrenzt ist. Wir sind die Wirkungen vorausgegangener Energiezustände. Folglich können sich durch uns wiederum auch nur Wirkungen entfalten, die auf den vorangegangenen Energiezuständen basieren.

Da wir aber im Leben permanent neuen Wirkungen ausgesetzt sind, können wir auch zu Lebzeiten unsere Schöpfungskraft und unseren Wirkungskreis erweitern. Lernen ist dafür ein gutes Beispiel. Durch die Aufnahme von Informationen in Schule und Universität schaffen wir in unserem Geist die Voraussetzungen für mehr Kreativität und Wirkungskraft, die wir dann durch Handlungen entfalten.

Wenn wir diesen Gedanken konsequent bis zum Ende verfolgen, wird deutlich, dass jeder Erscheinung im Universum der geistige Gehalt des Gesetzes der Natur vorangeht. Daher ist der ohne Bedingungen existente geistige Gehalt des Gesetzes der Natur der Ursprung jeder Erscheinung. Strings mögen eine gewisse Zeit lang als die kleinsten Teilchen angesehen werden. In einem unendlichen Universum kann es aber kein kleinstes Teilchen geben. Ebenso wie es immer eine noch kleinere Zahl geben kann, vermag es die unendliche Gültigkeit des Gesetzes der Natur auch, noch kleinere Erscheinungen von Energie hervorzubringen.

Weltformel – die Theorie von Allem

In den Naturwissenschaften wird schon lange nach der sogenannten Weltformel gesucht. Dabei handelt es sich um eine Formel, mit der alle bekannten physikalischen Phänomene erklärt werden können. Dieses Unterfangen läuft auch unter der Bezeichnung: eine Theorie von Allem. Dabei sollen alle Kräfte in einer Formel vereint werden. Dieses ist bisher noch nicht gelungen. Vereint wurden lediglich die starke Wechselwirkung, die schwache Wechselwirkung und die elektromagnetische Kraft. Die Gravitationskraft konnte noch nicht in die Formel einbezogen werden. Alle bisherigen Berechnungen deuten jedoch darauf hin, dass bei einer bestimmten, sehr hohen Energie alle Kräfte die gleiche Stärke haben. Daher wird angenommen, dass alle Grundkräfte zum Zeitpunkt des Urknalls eine einzige Kraft waren.

Damit decken sich auch die Anforderungen an die Weltformel mit meinen Erkenntnissen. Da das Universum ein geschlossenes System der Unendlichkeit ist, in dem der Gehalt an Energie immer unverändert bleibt, wird auch der Einbezug der Gravitation zu dem Ergebnis führen, dass diese gleich stark ist. Doch eine Formel, die nur die bekannten physikalischen Phänomene erklärt, wird immer ungenau bleiben. Die Weltformel müsste in der Lage sein, die unendlichen Erscheinungsformen von Energie zu erfassen. Die Erkenntnis aus dieser Formel wäre aber ernüchternd: Jede Energie ist gleich stark – nämlich unendlich.

Denn jede Energie ist eine Erscheinung des unendlich gültigen geistigen Gehaltes des Gesetzes der Natur. Die Weltformel lautet daher:

$$E^\infty = E^\infty$$

Die Formel zeigt, dass die Energie des geistigen Gehaltes des Gesetzes der Natur (E) unendlich viele Erscheinungsformen hat. Sie ist eine Gleichung, die alle Gegensätze möglicher Wirkungen enthält. Da eine Erscheinung nicht ohne einen Gegenpol existieren kann, ist E immer gleich groß und die Formel insgesamt ausgeglichen.

Weitere naturwissenschaftliche Theorien

Bei meinen Recherchen bin ich noch auf eine Vielzahl anderer, weniger bekannter Theorien gestoßen. Bis auf sehr unwissenschaftliche Ansätze sind die meisten von ihnen Abwandlungen der Urknall- oder Stringtheorie und haben eines gemeinsam: Sie suchen den Anfang des Universums und finden ihn nicht, weil sie sich auf für Menschen wahrnehmbare Wirkungen konzentrieren.

Schöpfung durch einen Gott

Die meisten Religionen gehen davon aus, dass alles von einem oder mehreren Göttern geschaffen wurde. Die Art und Weise, wie die Schöpfung vonstattengegangen sein soll, variiert jedoch stark. Im Alten Orient meinte man, dass Götter in einer Versammlung einen anderen Gott schlachteten, sein Fleisch und Blut auf Lehm schütteten, einmal kräftig darauf spuckten und daraus den Menschen formten. Im antiken Griechenland ging man davon aus, dass der Kosmos seinen Anfang durch das Erscheinen von sechs Ur-Gottheiten nahm, und die Bibel beschreibt, dass Gott die Welt in sechs Tagen erschaffen hat und am siebten Tage ruhte.

Ich las viele interessante Schilderungen. Ansätze, um sie mit meinen Erkenntnissen abgleichen zu können, fand ich jedoch nicht. Daher entschied ich mich, Pepes Ansichten darüber zu hören. Mir war bewusst, dass es ein heikles Unterfangen werden könnte, mit einem buddhistischen Mönch über andere Religionen zu sprechen. Ich tat es trotzdem und mein Eindruck, dass ich mit Pepe mittlerweile ein echtes Vertrauensverhältnis hatte, wurde bestätigt.

»Sieh das Ganze als wohlgemeinte Geschichten an«, sagte er, nachdem er eine Weile nachgedacht hatte.

»Geschichten, die versuchen, den Menschen in auf einer für ihre Zeit angemessenen Art und Weise eine Botschaft zu vermitteln.«

Pepe sprach sehr ruhig und ich hatte nicht den Eindruck, als würde er damit andere Religionen schlechtmachen wollen.

»Die Botschaft ist einfach: Wer Schlechtes tut, dem wird Schlechtes widerfahren. Wer Gutes tut, dem Gutes. Bibel, Thora, Koran und viele andere Bücher gelten als heilige Schriften. Sie wollen also heilen. Heilen, indem sie den Menschen aufzeigen, wie sie das Leid ihres Lebens gering halten können. Dafür beschreiben die Bücher, was gute und was schlechte Taten sind. So wie in den Zehn Geboten der Bibel. Oder sie schildern auf dramatische Weise, was geschieht, wenn man sich nicht an Gottes Regeln hält.«

Ich nickte, da Pepe mich prüfend ansah.

»Die heiligen Schriften sind zu einer Zeit entstanden, wo in den Menschen schon der Gedanke von einem Selbst verankert war. Wie auch heute dachten sie in Kategorien von Mein und Dein und in Hierarchien. Gott als übergeordnete Person zu beschreiben, ist daher eine gute Lehrmethode, die auf einer den Menschen vertrauten Sichtweise aufbaut. So geben die heiligen Schriften den Menschen etwas an die Hand, das ihnen in schlechten Zeiten helfen kann. Im Endeffekt dienen die Schriften also dazu, Leiden zu beseitigen. Sie haben daher dasselbe Ziel wie der Buddha. Da es die Ansicht von einem Selbst ist, die zu Leiden führt, denke ich, dass die heiligen Schriften darauf abzielen, die Menschheit von dieser Ansicht zu heilen.«

Wieder einmal verblüfften mich die klaren Worte des Mönches. Pepe besaß eine wirklich seltene Gabe: Er konnte den Kern der Dinge mit verständlichen Worten erklären. Zurück im Hotel las ich die Texte noch einmal. Anstatt mich erneut über die realitätsfernen Geschichten aufzuregen, erkannte ich nun deren Sinn. Sie wollen Menschen helfen, ein besseres Leben zu führen. Und damit dieser Zweck erreicht werden kann, wird Gott als Wesen dargestellt, das alles geschaffen hat. Mit dieser Erkenntnis im Hinterkopf stellte ich mir die Frage, was denn Gott ist, und machte eine erstaunliche Entdeckung:

Religionsübergreifend hat Gott dieselben Eigenschaften wie das Gesetz der Natur. Gott ist ein übernatürliches Wesen, dem die Attribute Unveränderlichkeit, Ewigkeit, Unendlichkeit, Allmächtigkeit und sich selbsterschaffend zugeschrieben werden.

Ich ließ mich aufs Bett fallen und starrte zur Decke. Schlagartig wurde mir klar, dass Gott eine andere Bezeichnung für den geistigen Gehalt des Gesetzes der Natur ist. Eine gedankliche Hilfskonstruktion, um die heilende Wirkung von Lebensratschlägen zu vermitteln. Die Vorstellung erschien mir logisch und befremdlich zugleich. Ich überlegte hin und her: *Aus dualistischer Sicht gibt es daher einen Gott in der Gestalt, wie wir ihn uns vorstellen. Er ist ein Geflecht von Bewusstseinszuständen, die ihrer Natur nach Wirkung entfalten. Daher kann der Glaube eines Menschen an die Existenz Gottes unendlich viele Wirkungen entfalten. Aus diesem Grund bewirken Menschen, die an einen gütigen und barmherzigen Gott glauben, auch gute Taten. Menschen, in denen der Bewusstseinszustand eines strafenden Gottes herrscht, handeln entsprechend. Ihre Taten sind auf Vernichtung gerichtet und sie verursachen Leid. Der Geist des Gesetzes der Natur und Gott haben dieselben Eigenschaften und sind daher identisch.*

Ich schnappte meine Sachen und lief wieder zum Tempel. Außer Atem und nassgeschwitzt stand ich vor Pepe.

»Alles klar?«, fragte er und lächelte mitreißend.

»Ich hab's erkannt!«, keuchte ich und setzte mich auf die Treppe.

»Noch etwas erkannt? Ich dachte, du hättest alle Antworten gefunden.«

Er lachte.

»Gott ist das Gesetz der Natur«, platzte es aus mir heraus.

»Oh!«, stieß Pepe hervor, setzte sich neben mich und blickte mir tief in die Augen.

»Im Buddhismus bezeichnen wir das Gesetz der Natur auch manchmal als Gott. Ich muss wohl vergessen haben, das zu erwähnen. Aber Selbsterkenntnis ist doch immer noch der beste Weg zur Einsicht, nicht wahr?«

Nutzen der Erkenntnisse

Ich blieb noch weitere zwei Wochen in Bangkok. Dann war das Buch weitgehend fertig und ich entschloss mich, wieder nach Deutschland zurückzufliegen. Pepe hatte vorgeschlagen, zum Abschied noch einmal mit allen Mönchen, die im Bergkloster gewesen waren, zu speisen. Also kaufte ich ein und machte mich ein letztes Mal auf den Weg zum Tempel. Ich versuchte mich mit Gedanken an meine Ankunft in Deutschland und an die Freunde, die ich dann wiedersehen würde, abzulenken. Als ich jedoch das Eingangstor des Tempels sah, musste ich weinen. Pepe, Dabou und alle anderen Mönche hatten mir so viel gegeben, mich aus der Verzweiflung über den Tod meiner Familie herausgeholt und mir schließlich gezeigt, was Leben, Tod und das Universum wirklich sind.

»Durch euch habe ich so viel erkennen können«, sagte ich, als wir alle beim Essen saßen. »Wie kann ich mich nur bei euch bedanken?«

»Indem du alles wirken lässt«, antwortete Pepe und sein vertrautes Lächeln strahlte mich an.

»Wenn du das Gefühl hast, etwas Gutes bekommen zu haben, dann teile es mit anderen. Aber bedenke: Es ist gut zu wissen, was das Universum ist. Dieses Wissen auch zu nutzen, ist aber der Kern des Lebens.«

Pepes letzten Rat möchte ich gerne an Sie weitergeben. Daher hoffe ich, dass Ihnen die folgenden Anregungen dabei helfen werden, die Erkenntnisse für sich persönlich nutzbar zu machen.

Die Angst vor dem Tode

Der Tod ist die zwangsläufige Konsequenz von Geburt. Er ist eines der wenigen Ereignisse im Leben, das mit Bestimmtheit eintreten wird. Dennoch werden wir in unserer so fortschrittlichen Gesellschaft kaum auf den Tod vorbereitet. Uns wird eingetrichtert, wann und wo sich Menschen durch Kriege gegenseitig umgebracht haben. Was der Tod ist und wie man in Frieden sterben kann, verrät uns hingegen niemand. Diese Ungewissheit bringt Angst.

Wenn Sie sich mit dem Prozess des Sterbens und den Erkenntnissen zum Tod beschäftigen, werden Sie weniger Angst vor dem Tod haben. Er wird Ihnen vertrauter. Leben, Sterben und Tod sind Veränderungsprozesse von Körper und Geist. Unser Körper ändert sich ständig. Zellen sterben und es entstehen neue. Aus dem Baby wird ein Erwachsener – unser Fleisch und Blut ist ein von allem im Universum abhängiger Prozess ohne eigene Identität. Das Gleiche gilt für unsere Geisteszustände. Sie sind nicht stabil. Abhängig von Sinneseindrücken und im Gehirn gespeicherten Informationen entstehen ständig neue Bewusstseinszustände. Was wir als Leben bezeichnen, sind in Wahrheit Zellen und Gedanken, die ständig sterben und neu entstehen. Universell betrachtet gibt es daher weder Leben noch Tod. Diese Unterscheidung ist eine rein menschliche Ansicht. Sie beruht auf der Vorstellung, dass wir ein Selbst haben, das geboren wird und stirbt.

Der Glaube an ein Selbst ist die Ursache für das Leiden im Sterbeprozess. Denn Leiden ist eine subjektive Interpretation von Sinneswahrnehmungen. Es ist die Einstellung, die wir gegenüber den körperlichen Schmerzen und den Gedanken während des Sterbens haben. Auch wer den Glauben an ein Selbst vollständig aufgegeben hat, wird Schmerzen spüren. Er wird aber nicht mehr darunter leiden. Denn er weiß, dass es nicht er selbst ist, der die Schmerzen erfährt, und kann daher den Veränderungsprozess des Körpers einfach ertragen, ohne darunter zu leiden. Auch gedanklich leidet er nicht, denn er hat die Wahrheit von allem erkannt. Er hat realisiert, dass alles vergänglich ist und die Voraussetzungen für die Existenz des Körpers nun enden. Daher kann er loslassen und seine Gedanken hängen nicht an dem Versuch, das Unmögliche wahr machen zu wollen.

Der Tod ist nicht das Ende. Wenn der Körper stirbt, schwinden unsere Sinneseindrücke. Sie sind nicht mehr Grundlage für das Bewusstsein und unser Geisteszustand basiert dann nur noch auf den in der Lebensenergie gespeicherten Informationen. Die Frequentierung der Lebensenergie enthält die Ursachen vorangegangener Existenzen. Auf diesem Wege wirken sich Denken und Handeln der Vorleben weiter aus. Die Prägung der Lebensenergie führt wieder zu neuem Entstehen – sei es als Mensch, Tier oder in anderen Daseinsbereichen.

Wie Sie heute leben, bestimmt Ihre Wiedergeburt. Durch Ihre Lebensweise prägen Sie Ihre Lebensenergie und nehmen so Einfluss darauf, wie Sie wieder in Erscheinung treten werden. Sie haben es daher selbst in der Hand, sich die Angst vor dem Tod zu nehmen. Handeln Sie nach den Moralvorstellungen, die in jedem von uns stecken, und lassen Sie sich nicht von gesellschaftlichen Zwängen zu Handlungen treiben, die auf Gier oder Hass basieren. Dann werden Sie den Tod weniger fürchten.

Zufriedenheit durch Einsicht

Wir leben in einer pulsierenden Welt. Verflochten in Familie, Arbeit und Freizeit hetzen wir oft von einer Aktivität zur nächsten. Dabei verlieren wir schnell aus den Augen, was wir damit eigentlich erreichen wollen: Zufriedenheit!

Jeder Mensch strebt danach, dass all seine Bedürfnisse dauerhaft befriedigt sind. Wir alle suchen nach *BE-FRIEDIGUNG* im wahren Sinne des Wortes: einem Zustand des inneren Friedens – die *ZU-FRIEDENHEIT*. Um Zufriedenheit zu erreichen, versuchen wir unser Leben so zu gestalten, dass wir positive Gefühlszustände erlangen und negative vermeiden. Wir streben nach Sinneserfahrungen, die wünschenswerte Bewusstseinszustände hervorrufen, und versuchen diese festzuhalten. Das ist jedoch nicht möglich. Denn das Universum ist ein zeitloser und unendlicher Veränderungsprozess.

Wer ein Stück Schokolade isst, nimmt für einen Moment den süßen Geschmack wahr. Dieser vergeht aber, sobald die Schokolade heruntergeschluckt wurde. Was bleibt, ist eine Erinnerung. Hätte die Schokolade uns tatsächlich befriedigt, würde kein Wunsch mehr entstehen, je wieder Schokolade essen zu wollen. Die Realität sieht aber anders aus. Wir greifen schnell zum nächsten Stück und glauben, dadurch befriedigt zu werden. Irgendwann haben wir genug Schokolade gegessen – aber zufrieden sind wir nicht. Jetzt wollen wir einen Film sehen, neue Schuhe kaufen oder ein Buch lesen. Der Glaube, durch Sinnesvergnügen Zufriedenheit zu erlangen, ist tief verwurzelt und zieht sich durch unser ganzes Leben. Dabei ignorieren wir die Tatsache der Vergänglichkeit. Denn alles, was bedingt entsteht, vergeht, sobald die Bedingungen dafür nicht mehr gegeben sind. Trotzdem versuchen wir, uns mit den vergänglichen Dingen der materiellen Welt zufriedenzustellen. Wir arbeiten hart, um ein großes Haus und schnelle Autos zu haben.

Irgendwann sind dann die Bedingungen für die Funktionalität unseres Körpers nicht mehr gegeben. Wir sterben. Unsere Sinnesorgane versagen und alles, wofür wir unser ganzes Leben so hart gearbeitet haben, ist nicht mehr wahrnehmbar. Die teuren Uhren und Goldketten, die netten Handtäschchen und Modellautosammlungen – all das kann keine Bewusstseinszustände mehr hervorrufen und daher nicht zur Zufriedenheit führen.

Was bleibt, sind die Absichten und Verhaltensmuster, die unsere Lebensenergie geprägt haben. Sie bilden unseren Bewusstseinszustand im Tode und ihre Wirkungen manifestieren sich in der Wiedergeburt. Wem es gelingt, die Lebensenergie so zu prägen, dass sie keine Ursachen für eine Wiedergeburt mehr enthält, der wird keine Bedürfnisse mehr entfalten und endgültige *ZU-FRIEDENHEIT* erlangen.

Alles ist vergänglich. Werden Sie sich dieser Tatsache wirklich bewusst und Ihr Leben wird leichter. Sie verlieren den gesellschaftlichen Druck, so viel wie möglich verdienen zu müssen, um möglichst viel zu konsumieren. Ihre Gedanken werden freier und Sie können erkennen, dass ironischerweise gerade das Streben nach Befriedigung durch endlosen Konsum letztendlich dem Wunsch nach Zufriedenheit entgegenwirkt. Zufriedenheit entsteht, wenn Bedürfnisse befriedigt sind. Für einen Moment kann daher auch über die Grundbedürfnisse hinausgehender Konsum zufriedenstellen. Langfristig zufrieden werden Sie jedoch nur, wenn Sie lernen, Bedürfnisse nicht entstehen zu lassen. Unser Körper funktioniert, wenn seine Grundbedürfnisse befriedigt sind. Jeder darüber hinaus gehende Konsum ist nur dem Glauben an ein Selbst geschuldet.

Erst wenn es Ihnen gelingt, die Vorstellung von einem Selbst vollständig abzulegen, werden Sie dauerhafte Zufriedenheit erfahren. Das ist kein einfaches Unterfangen. Das Selbst hat unendlich viele Bedürfnisse. Mit dem Glauben an ein Selbst ist es daher unmöglich, endgültig zufrieden zu sein. Auch ist unsere Gesellschaft darauf ausgerichtet, den Glauben an ein Selbst zu fördern und zu stärken. Überall werden Bedürfnisse aufrechterhalten und neue geschaffen. Dabei wirkt das Selbst wie ein Filter, der die Wahrheit aus unseren Sinneswahrnehmungen und Gedanken entfernt. Ein Filter, der durch Erziehung, Bildung und Medien ständig erneuert und weiter gefestigt wird.

In einer Gesellschaft von selbstbewussten Politikern und Wirtschaftsbossen, die mit viel Selbstvertrauen Selbstbehauptung üben, ist es eine besondere Herausforderung, den Gedanken an ein Selbst aufzugeben. Ich habe aber festgestellt, dass bereits eine Reduzierung der Selbstvorstellung spürbar mehr

Zufriedenheit schafft. Probieren Sie es mal aus: Wie fühlen Sie sich, wenn Sie jemanden aus vollkommen selbstlosen Motiven helfen? Spenden Sie mal etwas ohne den Hintergedanken, dass es steuerlich absetzbar ist oder dass es bei anderen einen guten Eindruck hinterlässt. Einfach nur aus purem Mitgefühl. Sie werden den Unterschied merken und den Beweis in sich spüren, dass Taten aus guter, selbstloser Motivation zu positiven Bewusstseinszuständen führen.

So hartnäckig die Ansicht von einem Selbst auch sein mag – sie ist bedingt entstanden und endet daher, sobald die Ursachen dafür nicht mehr vorhanden sind. Naturwissenschaftlich besteht kein Zweifel: In unseren Köpfen sitzt kein neutraler Beobachter, der uns steuert. Das Selbst ist eine durch Information geschaffene Gedankenkonstruktion. Diese können Sie beenden, indem Sie den Glauben daran aufgeben. Dabei hilft es, Informationen bewusst wahrzunehmen. Denn *IN-FORMATION* bedeutet die Bildung einer inneren Form. Durch Medien und andere Kontakte mit Ihrer Umwelt bekommen Sie ständig Informationen, die Ihre Bewusstseinszustände und Ansichten bilden. Fast alle davon unterstützen das Selbst. Werden Sie sich dieser Tatsache bewusst und Ihr Glaube an das Selbst wird abnehmen.

Wichtig ist dabei, dass Sie den Gedanken an ein Selbst einfach loslassen und ihn nicht bekämpfen. Wenn Sie das Selbst bekämpfen, glauben Sie an dessen Existenz. Sie würden also versuchen, das gierige Selbst in Ihnen mit einem vernichtenden Selbst zu bekämpfen. Das funktioniert nicht, sondern bestätigt nur die Ansicht von einem Selbst. Loslassen bedeutet, die Vorstellung von einem Selbst in Ihren Gedanken abzubauen. Führen Sie sich vor Augen, welche konkreten Umstände Ihr Selbst prägen. Das können Familienstand, Beruf, Automarken, Häuser, Kreditkarten und vieles mehr sein. Wenn Sie sich gedanklich von diesen Gegebenheiten trennen, werden Sie sehen, dass sich Ihr Selbst zu einem großen Teil aus dem Bezug zu diesen Dingen gebildet hat.

Durch die Reduzierung des Glaubens an ein Selbst werden Ihre Bedürfnisse abnehmen. Sie werden die Unsinnigkeit vieler Gewohnheiten erkennen und können sie aufgeben. Dabei kann es sein, dass Sie eine Zeit lang innerliche Konflikte austragen müssen. Der *SELBST-ERHALTUNGSTRIEB* schützt nämlich nicht nur den Körper, sondern auch die Ansicht von einem Selbst. Rechnen Sie auch mit Unverständnis aus Ihrem gesellschaftlichen Umfeld. Indem Sie die Ansicht von einem Selbst loslassen, verändert sich Ihre Wahrnehmung von allem. Sie erkennen die Dinge so, wie sie in Wahrheit sind: unbeständig, unbefriedigend und ohne ein Selbst.

Die Einsicht, dass grenzenloser Konsum im Endeffekt zu mehr Unzufriedenheit führt, ist unserem Staats- und Wirtschaftssystem ein Dorn im Auge. Wählen Sie daher die Menschen, mit denen Sie über dieses Thema sprechen wollen, sorgfältig aus. Personen, die nur in Quartalszahlen und Wachstumsprognosen denken, sind von Geldgier verblendet. Ihnen fehlen die geistigen Voraussetzungen, um zu erkennen, dass sie sich und anderen im Endeffekt nur schaden. Machen Sie es sich nicht zur Aufgabe, diese Menschen belehren zu wollen. Begegnen Sie Ihnen mit Humor und Gelassenheit. Sie können sicher sein, dass sie trotz ihres Geldes nicht zufriedener sind und dass ihre aus Gier motivierten Handlungen entsprechende Wirkungen haben werden. Schaffen Sie sich ein Umfeld, in welchem Sie das Selbst loslassen können, und Sie werden merken, wie sich langsam tiefe Zufriedenheit einstellt.

Schlussbemerkungen

Alles im Universum hat Wirkungen. Wie diese empfunden werden, hängt von der inneren Haltung des Betrachters ab. Ich hoffe sehr, dass sich dieses Buch positiv auf Sie auswirken wird. Möge es Ihnen mehr Zufriedenheit bringen und die Angst vorm Tod abschwächen.

Unsere derzeitigen Staats- und Wirtschaftssysteme zielen nicht darauf ab, Zufriedenheit zu schaffen. Daher würde ich mich freuen, wenn dieses Buch zu positiven gesellschaftlichen Veränderungen beitragen könnte. Denn echte Zufriedenheit ist ein Bewusstseinszustand, dem ausufernder Konsum und Wirtschaftswachstum entgegenstehen.

Mein besonderer Dank gilt Pepe und Dabou. Ohne sie wäre dieses Buch nie entstanden. Bei der gemeinsamen Arbeit an den Texten haben die Mönche immer wieder betont, dass sie gerne ihren Beitrag zu einem Werk leisten, das Zufriedenheit fördert. Auch sie würden nach der endgültigen Zufriedenheit streben. Dafür sei Ruhe und ein achtsamer Geist notwendig. Jeder, der nach innerem Frieden suche, solle die dafür notwendigen Bedingungen erfahren dürfen. Sie baten mich daher so zu schreiben, dass dieses Ansinnen nicht beeinträchtigt wird. Um diesem Wunsch gerecht zu werden, habe ich Namen, Orte und andere Beschreibungen in diesem Buch entsprechend geändert.

Wir Menschen sind mächtige Wesen. Wegen unserer körperlichen und geistigen Eigenschaften können wir viel bewirken. Durch die technischen Errungenschaften der letzten Jahrzehnte ist unsere Wirkungskraft immens gestiegen. Unsere Waffen sind so zerstörerisch geworden, dass ein Knopfdruck ganze Landstriche verwüsten kann. Über Internet und Fernsehen können Worte in Sekunden Millionen Menschen erreichen und in ihnen wirken. Daher können die Denkprozesse nur weniger Personen Auslöser für weitreichende Veränderungen sein.

Universell gesehen sind alle Veränderungsprozesse unpersönlich. Dem Universum ist es vollkommen egal, welche Wirkungen wir Menschen entfalten – ob wir uns gegenseitig respektieren oder zerstören. Denn das Gesetz der Natur nimmt keine Wertungen vor. Es behandelt alles gleich und ist damit die Verkörperung absoluter Gerechtigkeit – die Quelle von Freud und Leid. So ist das Universum. Wie wir darin leben, liegt an uns.

www.ingramcontent.com/pod-product-compliance
Lightning Source LLC
Chambersburg PA
CBHW031427210526
45464CB00005B/2095